平遥县
耕地地力评价与利用

程聪荟　主编

U0312515

中国农业出版社

内容简介

本书全面系统地介绍了山西省平遥县耕地地力评价与利用的方法及内容。首次对平遥县耕地资源历史、现状及问题进行了分析、探讨，并引用大量调查分析数据对平遥县耕地地力、中低产田地力做出了深入细致的分析，揭示了平遥县耕地资源的本质及目前存在的问题，提出了耕地资源合理改良利用意见。为各级农业科技工作者、各级农业决策者制订农业发展规划，调整农业产业结构，加快绿色、无公害、有机农产品基地建设步伐，保证粮食生产安全，科学施肥，退耕还林还草，为节水农业、生态农业及农业现代化、信息化建设提供了科学依据。

本书共八章。第一章：自然与农业生产概况；第二章：耕地地力调查与质量评价的内容与方法；第三章：耕地土壤属性；第四章：耕地地力评价；第五章：耕地土壤环境质量评价；第六章：中低产田类型分布及改良利用；第七章：耕地地力评价与测土配方施肥；第八章：耕地地力调查与质量评价的应用研究。

本书适宜农业、土肥科技工作者及从事农业技术推广与农业生产管理的人员阅读。

编写人员名单

主　　编：程聪荟

副 主 编：刘继林　何振强　刘建兵

编写人员（按姓名笔画排序）：

王万庆　王江涛　成志芳　刘建兵　刘继林

安紫妍　李蕊林　吴慧玲　何万强　何振强

张君伟　张晋余　张润蓉　周会平　郑国宏

南香菊　段琪瑞　高爱英　郭卫星　康　宇

梁绍中　程聪荟　谭俊琴　霍经红　霍晓军

序

　　农业是国民经济的基础，农业发展是国计民生的大事。为适应我国农业发展的需要，确保粮食安全和增强我国农产品竞争的能力，促进农业结构战略性调整和优质、高产、高效、安全农业的发展。针对当前我国耕地土壤存在的突出问题，2009 年在农业部精心组织和部署下，平遥县成为测土配方施肥补贴项目县。根据《全国测土配方施肥技术规范》积极开展了测土配方施肥工作，同时认真实施了耕地地力调查与评价。在山西省土壤肥料工作站、山西农业大学资源环境学院、晋中市土壤肥料工作站、平遥县农业委员会、平遥县土壤肥料工作站科技人员的共同努力下，2011 年完成了平遥县耕地地力调查与评价工作。通过耕地地力调查与评价工作的开展，摸清了平遥县耕地地力状况，查清了影响当地农业生产持续发展的主要制约因素，建立了平遥县耕地地力评价体系，提出了平遥县耕地资源合理配置及耕地适宜种植、科学施肥及土壤退化修复的意见和方法，初步构建了平遥县耕地资源信息管理系统。这些成果为全面提高平遥县农业生产水平，实现耕地质量计算机动态监控管理，适时提供辖区内各个耕地基础管理单元土、水、肥、气、热状况及调节措施提供了基础数据平台和管理依据。同时，也为各级农业决策者制订农业发展规划，调整农业产业结构，加快无公害、绿色、有机食品基地建设步伐，保证粮食生产安全以及促进农业现代化建设提供了第一手资料和最直接的科学依据，也为今后大面积开展耕地地力调查与评价工作，实施耕地综合生产能力建设，发展旱作节水农业，测土配方施肥及其他农业新技术普及工作提供了技术支撑。

　　本书系统地介绍了耕地资源评价的方法与内容，应用大量的调查分析资料，分析研究了平遥县耕地资源的利用现状及问题，提出了合理利用的对策和建议。该书集理论指导性和实际应用性为一体，是一本值得推荐的实用技术读物。我相信，该书的出版将对平遥县耕地的培肥和保养、耕地资源的合理配置、农业结构调整及提高农业综合生产能力起到积极的促进作用。

2013 年 12 月

前言

　　耕地是人类获取粮食及其他农产品最重要的、不可替代的、不可再生的资源，是人类赖以生存和发展的最基本的物质基础，是农业发展必不可少的根本保障。新中国成立后，山西省平遥县先后开展了两次土壤普查。两次土壤普查工作的开展，为平遥县国土资源的综合利用、施肥制度改革、粮食生产安全做出了重大贡献。近年来，随着农村经济体制的改革以及人口、资源、环境与经济发展矛盾的日益突出，农业种植结构、耕作制度、作物品种、产量水平，肥料、农药使用等方面均发生了巨大变化，产生了诸多如耕地数量锐减、土壤退化污染、次生盐渍化、水土流失等问题。针对这些问题，开展耕地地力评价工作是非常及时、必要和有意义的。特别是对耕地资源合理配置、农业结构调整、保证粮食生产安全、实现农业可持续发展有着非常重要的意义。

　　平遥县耕地地力评价工作，于 2009 年 3 月开始至 2011 年 12 月结束，完成了平遥县 14 个乡（镇）273 行政村 76.5 万亩耕地的调查与评价任务。3 年共采集大田土样 4 700 个，并调查访问了 320 个农户的农业生产、土壤生产性能、农田施肥水平等情况；认真填写了采样地块登记表和农户调查表，完成了 4 700 个样品常规化验，1 560 个样品中、微量元素分析化验、数据分析和收集数据的计算机录入工作；基本查清了平遥县耕地地力、土壤养分、土壤障碍因素状况，划定了平遥县农产品种植区域；建立了较为完善的、可操作性强的、科技含量高的平遥县耕地地力评价体系，并充分应用 GIS、GPS 技术初步构筑了平遥县耕地资源信息管理系统；提出了平遥县耕地保护、地力培肥、耕地适宜种植、科学施肥及土壤退化修复办法等；形成了具有生产指导意义的多幅数字化成果图。收集资料之广泛、调查数据之系统、成果内容之全面是前所未有的。这些成果为全面提高农业工作的管理水平，实现耕地质量计算机动态监控管理，适时提供辖区内各个耕地基础管理单元土、水、肥、气、热状况及调节措施提供了基础数据平台和管理依据。同时，也为各级农业决策者制订农业发展规划，调整农业产业结构，加快无公害、绿色、有机食品基地建设步伐，保证粮食生产安全，进行耕地资源合理改良利用，科学施肥以及退耕还林还草、节水农业、生态农业、农业现代化建设提供了第一手资料和最直接的科学依据。

为了将调查与评价成果尽快应用于农业生产，在全面总结平遥县耕地地力评价成果的基础上，引用了大量成果应用实例和第二次土壤普查、土地详查有关资料，编写了本书。首次比较全面系统地阐述了平遥县耕地资源类型、分布、地理与质量基础、利用状况、改良措施等，并将近年来农业推广工作中的大量成果资料录入其中，从而增加了该书的可读性和可操作性。

在本书编写的过程中，承蒙山西省土壤肥料工作站、山西省农业大学资源环境学院、晋中市土壤肥料工作站、平遥县农业委员会、平遥县土壤肥料工作站广大技术人员的热忱帮助和支持，特别是平遥县农业委员会的工作人员在土样采集、农户调查、数据库建设等方面做了大量的工作。刘继林、张丕宝安排部署了本书的编写，由刘建兵执笔编写；参与野外调查和数据处理的工作人员有安紫妍、李蕊林、南香菊、张明刚、段继东等，土样分析化验工作由山西省土壤肥料研究所完成；图形矢量化、土壤养分图、数据库和地力评价工作由山西农业大学资源环境学院和山西省土壤肥料工作站完成；野外调查、室内数据汇总、图文资料收集和文字编写工作由平遥县农业局完成，在此一并致谢。

编　者

2013 年 12 月

目 录

第一章　自然与农业生产概况

第一节　自然与农村经济概况

一、地理位置与行政区划

据明成化《山西通志·建置沿革》载："平遥县，古陶地，帝尧初封于陶，即此。"古属冀州之域。虞舜以冀州南北太远，分置并州，改属并州。大禹治水后分天下为九州，又属冀州。西周为并州属地。周成王封其弟叔虞于唐，传子燮父，改国号为晋，属晋国。战国时期，韩、赵、魏三卿分晋，归赵国。秦始皇统一中国后，废封国，实行郡县制，置县平陶，属太原郡。北魏始光元年（424 年）时，因避太武帝拓跋焘名讳，改平陶县为平遥县。

明朝初年，为防御外族南扰，始建城墙，洪武三年（1370 年）在旧墙垣基础上重筑扩修，并全面包砖。以后景泰、正德、嘉靖、隆庆和万历各代进行过 10 次的补修和修葺，更新城楼，增设敌台。康熙四十三年（1703 年）因皇帝西巡路经平遥，而筑了四面大城楼，使城池更加壮观。平遥城墙总周长 6 163 米，墙高约 12 米，把面积约 2.25 平方千米的平遥县城——隔为两个风格迥异的世界。

平遥县位于山西省中部，晋中盆地的中南部，东与祁县、武乡县毗邻，南与沁源县、沁县相连，西与汾阳市、介休市相望，北与文水县接壤。地理坐标为：北纬 $36°56'\sim37°21'$，东经 $111°56'\sim112°33'$，全县最大长度为 53 千米，宽约 44 千米。整个地形属于西北黄土高原的一部分，东南高，西北低，大体由土石山区，黄土丘陵区和平川三部分组成。境内东南部群山环绕，中部丘陵起伏沟壑丛生，西北部为广阔平原。最高点孟山，海拔 1 962 米，最低处汾河两岸，海拔 735 米，平均海拔 1 349 米，呈西北—东南向展开。

平遥县辖 9 个乡，5 个镇和 4 个社区，273 个行政村，全县总人口为 50.68 万人。其中农业人口为 42.84 万人，占总人口的 84.54%。

二、土地资源概况

据 2010 年统计资料显示，平遥县国土总面积为 125 353 公顷（188.03 万亩[①]），耕地 51 008.81公顷（176.5 万亩），占总面积的 40.80%；园地 7 524.8 公顷（11.29 万亩），占总面积的 6.00%；林地 29 449.76 公顷（44.18 万亩），占总面积的 23.50%；草地 19 133.84公顷（28.70 万亩），占总面积的 15.30%；城镇村及工矿用地 10 543.92 公顷（15.82 万亩），占总面积的 8.30%；交通运输用地 3 119.71 公顷（4.68 万亩），占总面积

[①]　亩为非法定计量单位，1 亩＝1/15 公顷。

的 2.40%；水域及水利设施用地 2 543.82 公顷（3.82 万亩），占总面积的 2.10%；其他土地 2 028.32 公顷（3.04 万亩），占总面积的 1.60%。

平遥县地形呈境内东南部群山环绕，中部丘陵起伏沟壑丛生，西北部为广阔平原的"L"形。汾河自平遥县北长寿村入境，向西南穿越洪善、南政、中都、杜家庄、宁固 5 个乡（镇）。县境内海拔最高处是最高点孟山，海拔 1 962 米，最低处汾河两岸，海拔 735 米。

平遥县土壤共分褐土、潮土和盐土三大土类，8 个亚类，44 个土种。褐土分布在全县二级阶地和丘陵山区的广大地区。面积 73 147.2 公顷，占全县总面积的 58%；草甸土分布在平川一级阶地及河流两岸区河漫滩和低平处，二级阶地的局部洼地，面积约 22 380.5 公顷，占全县总面积的 17.7%；在各类土壤中，宜农土壤比重大，适种性广，有利于农、林、牧业全面发展。

三、自然气候与水文地质

（一）气候

平遥县地处温带大陆性季风半干旱气候区。具有冬季寒冷，多西北风，少雪；春季气温回升较快，昼夜温差较大，雨少风大；夏季炎热、多雨；秋季气温渐降，雨量减少，温凉宜人，多晴朗天气，光照比较充足的气候特征。

1. 气温 年平均气温 10.6℃，山区平均气温 7.2~10.3℃，丘陵区平均气温 9.6~12.5℃，平川平均气温 10.1℃。1 月最冷，平均气温 -5.2℃，年际变动在 -8.1~0.0℃；7 月最热，平均气温为 24.4℃，年际变动为 22.1~26.6℃。极端最低气温 -24.1℃（1990 年 2 月 1 日），极端最高气温为 41.1℃（2005 年 6 月 22 日）。1 日之内最高气温一般出现在 13：00~15：00，最低气温一般出现在日出前后，日差最大为 16.2℃，7 月最小 12.0℃。平均无霜期为 183 天，最长 221 天（1999 年），最短 137 天（1995 年）。初霜日为 10 月 7 日，终霜日为 4 月 27 日。

2. 地温 随着气温的变化，土壤温度也发生相应变化。年平均地面温度为 13.3℃，地面极端最低温度 -27.0℃（1990 年 2 月 1 日），地面极端最高温度 70.5℃（2010 年 7 月 31 日）。地面 5 厘米，年平均温度 12.5℃；地下 10 厘米，年平均温度 12.4℃；地下 15 厘米，年平均温度 13.0℃；地下 20 厘米，年平均温度 12.8℃；地下 40 厘米，年平均温度 13.0℃。冻土最大深度 81 厘米，平均冻土 57 厘米。年平均冻土日数为 91 天，最长为 120 天，最短为 72 天。10 厘米土壤冻结平均日期为 12 月 7 日，解冻平均日期为 2 月 21 日，平均封冻期日数为 77 天。

3. 日照 年平均日照时数为 2 356.8 小时，日照率 53%，最长为 2 807.2 小时（1980 年），最短为 2 024.5 小时（2006 年）；5 月日照时数最多，平均为 251.6 小时，12 月最少，为 159.2 小时。1 天中的日照时数，5~6 月每日平均 9 小时以上，3~4 月和 9~10 月每日平均 7 小时以上，冬季每日平均 6 小时。1 年中，春季日照时数为 669.0 小时，夏季 651.6 小时，秋季 553.9 小时，冬季 486.3 小时。

4. 降水量 年平均降水量为 415.9 毫米，最多 785.4 毫米（1977 年），最少 241.1 毫米（1997 年）。降水一般集中在 6 月、7 月、8 月、9 月的 4 个月，占全年降水量的

72.7%。年均降水日数 90 天，最多 112 天（1990 年），最少 51 天（1972 年）。历年最长连续降水日数为 15 天，总降水 142.1 毫米（2007 年 9 月 26 日至 10 月 10 日），连日降水最大量 368 毫米（1977 年 8 月 5 日至 9 日）。日最大降水量 317.3 毫米（1977 年 8 月 6 日）。全县四季降水明显不均，夏季最多，平均降水量 239.0 毫米，占全年降水量的 57.5%；秋季次之，平均降水量 102.7 毫米，占全年降水量的 24.7%；春季再次之，平均降水量 64.0 毫米，占全年降水量的 15.4%；冬季最少，平均降水量 10.2 毫米，占全年降水量的 2.4%。

5. 蒸发量　蒸发量大于降水量是平遥温带大陆性季风半干旱气候的显著特点。年平均蒸发量为 1 785.7 毫米，是年降水量的 4.3 倍。5 月蒸发量最大，为 270.9 毫米，1 月最小，为 49.7 毫米。

6. 辐射　年平均获得太阳直接辐射的能量为 321.96 千焦/平方厘米，获得散射辐射的能量为 230.27 千焦/平方厘米，总辐射能量为为 552.24 千焦/平方厘米。

（二）成土母质

成土母质是岩石矿物经过分化后的疏松碎屑，它是土壤形成发育的物质基础。母质的特性，直接影响土壤的发展方向与速度，以及肥力特性和利用改良方向。

平遥县黄土母质上发育的土壤由于母质中本身 $CaCO_3$ 的含量较高，因而发育形成的土壤呈微碱性反应。土壤的质地受成土母质的影响比较深刻，本地区砂岩风化物上发育的土壤质地较粗，而石灰岩、页岩风化后形成的土壤质地比较黏重。

本县的成土母质主要有以下几种：

1. 残积物　是山地和丘陵地区的基岩经过风化淋溶残留在原地的岩石碎屑，是平遥县山区主要成土母质。本县主要有砂岩质、石灰岩质两种残积母质。

（1）砂页岩风化物：平遥县的山地主要是由二叠、三叠系砂岩山体组成，所以山地的土壤母质绝大部分以砂页岩风化物为主，山顶上残积母质是岩石风化后，残留在原地，未经搬运的碎屑。其特点是具有角质碎块和石砾，颗粒混杂堆积、未经分选、层次不明显；大体保持了原来基岩的特性。该地区发育的土壤、土层较薄、质地较粗、养分薄。

（2）石灰岩风化物：在平遥县普洞乡以南有石灰岩出露，在石灰岩风化物母质上发育的土壤，土层较薄，但质地较细，一般中壤至重壤。

2. 洪积物　是山区或丘陵区因暴雨汇成山洪造成大片侵蚀地表，搬运到山麓坡脚的沉积物。往往谷口沉积矿石和粗沙物质，沉积层次不清，而较远的洪积扇边缘沉积的物质较细，或粗沙粒较多的黄土性物质，层次较明显，主要分布于在东泉、梁坡底等地分布较多。

3. 黄土母质　黄土是第四纪的一种特殊沉积物。平遥县耕地主要为黄土和红黄土两种。

（1）黄土：也称马兰黄土，以风积为主。颜色淡灰黄色、较疏松、无层理，柱状节理发育，石灰含量高，为 8%～16%，土质均匀一致，质地为轻壤，分布在低山、丘陵地区。二级阶地上的次生黄土因经过搬运质地较细、大多为中壤，肥力较高。

（2）红黄土：颜色红黄，质地较细，常有棱块，棱柱状结构，碳酸盐含量较少，中性或微碱性。其中常含有红色黏土性条带，为埋藏古褐土，并夹有大小不等的石灰结核或成层的石灰结核，分布于卜宜乡枣林村、南依涧乡苏家庄一带。

4. 冲积物 是风化碎屑物质、黄土等经河流搬运，在两岸分布的沉积物质。分布在河漫滩及一地阶地、面积很大。母质特点是由于水流的分选作用，因而具有成层性与成带状分布规律，在冲积体内沙黏交的沉积层次明显，母质因来源于河流上游的表土，养分含量丰富，土质肥沃。

（三）河流与地下水

1. 河流

（1）汾河：汾河是境内第一大河（过境河流），从本县北长寿村入境，向西南穿越洪善、南政、中都、杜家庄、宁固5个乡（镇），由本县营里村出境入介休市境。境内河道总长25千米，河道均宽0.5千米，最大泄洪量2 000立方米/秒，年平均弃水量3亿立方米。

（2）惠济河：惠济河，又名中都河。上游分东西两源，东源发源于宝塔山与狐爷山之间的东沟、西沟，流经黄仓、源神庙、辛村、喜村到尹回村；西源发源于东泉镇的城墙岭，流经东泉、源祠等村到尹回村与东支流汇合。后经西郭、南政等24村入汾河。惠济河全长44千米，宽50～200米，流域面积313平方千米。其中砂岩石山区为168平方千米，砂岩土山石区为31平方千米，黄土丘陵区为103平方千米，平川区为11平方千米。坡降3‰～1‰，平均为1/477。海拔为800～1 800米。清水流量为0.09立方米/秒，最大年径流量为3 260万立方米，最小年径流量为619万立方米，年均径流量为1 210万立方米。最大洪水流量为146立方米/秒，一般为40～50立方米/秒。下游少有来水，污染严重，亟待治理。

（3）柳根河：柳根河为汾河水系。发源于城南卜宜乡的东、西观寺及明子村山顶，流经卜宜、岳壁、古陶、中都等乡（镇）的38个村，由曹村流入汾河，全长36.7千米。流域面积215.79平方千米，其中砂岩石山区为82.3平方千米，砂岩土石山区18.3平方千米，黄土丘陵区98.14平方千米。河道纵坡11.39‰，坡降6‰～1.2‰，平均坡降为1/500。年平均径流量1 202万立方米，最大年径流量2 244万立方米，最小年径流量382万立方米。清水流量为0.097立方米/秒。最大洪水量为80立方米/秒。柳根河有两条支流，一是官沟河，发源于段村镇千秋岭，全长17.5千米，流经段村、中都等3个乡（镇）汇入柳根河；另一条是青沙河，东青沙河发源于红沙涨山，西青沙河发源于上青沙，控制流域面积13.5平方千米，最大洪水量10～20立方米/秒，流经军寨、范村、武村、南王家庄、道虎壁等村汇入柳根河。柳根河年平均径流量1 271万立方米。

近年来，由于上游来水严重减少，加之高林、南王家庄水库人为截水，古城南段蓄水成为景观，下游已无水流，顺城路以西河道大多遭到人为破坏，几乎不复存在了。洪水季节，其水库溢洪道溢水流至道虎壁村附近成为无尾河。

（4）婴涧河：婴涧河为汾河水系，发源于麓台山，经苏家庄、新窑、北依涧、长则等村到府底村南、冀郭村北，在新盛村分为两支流。一支流经沿村堡汇入沙河；另一支流经襄垣、郝洞、梁官等村成为无尾河，流经22村。全长31.3千米，宽约40～150米，流域面积141.8平方千米。其中砂岩山区39.6平方千米，砂岩土石山区7.3平方千米，黄土丘陵区47.01平方千米，平川区47.89平方千米。河道纵坡12.3‰。平均年径流量612.6万立方米，最小年径流量191.4万立方米。清水流量0.01立方米/秒，最大洪峰129立方米/秒。支流盘石河，发源于朱坑乡盘石村，经郝温、桑城等村，在兰村南入沙河。流域面积 39.8 平方千米，其中砂岩石山区为 1 平方千米，砂岩土石山区 1.5 平方千米，黄土丘陵区 13.2 平方千米，平川区 24.1 平方千米。河道纵坡 12.4‰。此河为季节性河，只有洪水期有水。

（5）昌源河：昌源河是一条跨县河流，主河道分东、西两支。东支发源于本县朱坑乡东西沟，流经阮家庄、张家庄、贾封、康家庄、石宝等村；西支发源于仁义沟的西沟庄，流经魏家庄、二郎、下石庵等村，在石门村上游 2.5 千米处两支汇合后经石门流入祁县。境内全长 31.5 千米，流域面积 181.5 平方千米，其中有 101 平方千米为森林所覆盖。河床平均纵坡 6.86‰。年平均径流量 2 100 万立方米。

2. 地下水　东南部的基岩山区是接受大气降水的补给区，黄土侵蚀丘陵区和山前倾斜平原地区水的径流区，冲积平原区由于堆积了深厚的新生代堆积物，是地下水储存和主要的沧海消耗区。据水利普查全县地下水储量为 1 亿～1.1 亿立方米/年，已开采量为 7 065 立方米/年。

（四）自然植被

1. 海拔高度为 1 700 米以上的中山地带　主要植被以木本植物为主，其中又以油松为主。此外还有山杨、白桦、侧柏、山桃、山杏及草灌类型的植物。其植被覆盖率一般为 70%，阴坡高达 80%，阳坡较差达 50%～60%。

2. 海拔高度为 1 000～1 700 米的低山地区　自然植被主要以乔灌植被为主，除分布有少部分的山杨、山桃、山杏外，主要以灌木为主，而灌木又似胡荆、醋柳、刺玫、胡技子等，除此还混生有旱生的草本植物，其覆盖度一般为 30%～60%。

3. 海拔高度为 800～1 000 米的侵蚀丘陵地区　自然植被主要为旱生型的草灌植物为主，主要有酸枣、蒿类和矮生草本植物，零星分布在山坡、田埂、路旁。该地区一般已被开垦为农田，主要植物已由自然植物改变栽培植物，农作物品种以谷子、玉米、山药、小麦为主。

4. 海拔高度为 800 米左右的倾斜平原地区　是全区粮棉油生产的重要基地，该地区的自然植被已被人为改变。目前仅有少量的田间杂草，而主要为栽培植物为主，品种为小麦、玉米、高粱、棉花等。

5. 海拔高度为 750 米左右的冲积平原地区　也同样是粮棉油生产的重要基地，但由于该区地势较低，地下水位浅，因而地面生长有喜湿的草本植物和耐盐性的植物，主要有稗草、抓地虎、盐吸、盐蓬、狗尾草、三棱草等。

四、农村经济概况

到 2011 年底，农村经济总收入达 87.89 亿元，较 1997 年 32.47 亿元净增 55.42 亿元，增长了 3 倍；农民人均纯收入达 6 926 元，较 1997 年 1 961 元净增 4 965 元，增长了 4 倍。

从农民人均纯收入及其构成变化看，以 2000 年、2010 年为例，农民人均纯收入分别为 2 128 元、5 626 元。从农民人均纯收入构成看，2000 年从第一、第二、第三产业及外出劳务所得收入分别为 872 元、525 元、340 元、391 元，所占收入比例分别为 41%、25%、16%、18%。2010 年从第一、第二、第三产业及外出劳务所得收入分别为 1 742 元、1 663 元、959 元、1 262 元，所占收入比例分别为 31%、29%、17%、22%。从以上情况得知，10 年间农民人均纯收入，除第三产业所得基本持平外，从第一产业所得占人均收入比例下降了 10 个百分点，第二产业所得增加了 4 个百分点，外出劳务所得增加了 4 个百分点。以上情况说明：农民人均收入日益向多元化发展，农民从第二产业和外出劳务中所得工资性收入占到农民收入的近四成，农民从第一产业所得收入稳居农民收入的三成以上，农民从第三产业获得的收入增长较缓。

第二节　农业生产概况

一、农业发展历史

平遥县历来为农业大县。但在新中国成立前，由于生产力低下，农业生产发展极其缓慢。新中国成立后，党和政府重视发展农业生产。农田、水利、农机等生产条件不断改善，农科技术逐步普及提高，农业生产迅速发展。全县 90% 的耕地集中在平川和丘陵地区。粮食作物以小麦、高粱、玉米、谷子、豆类、薯类为主。其中高粱品种全、质地优、产量高。1990 年，全县粮食总产达 168 357 吨，进入山西省"十强"。1991 年，国务院授予平遥县 1990 年"粮食生产先进单位"称号。同年，该县被确定为山西省"八五"期间商品粮基地县。经济作物有棉花、瓜类、甜菜、蔬菜、麻类、药材等。其中棉花生产从 20 世纪 30 年代起历居晋中之首。1989 年 10 月，苏联专家专程到平遥考察棉花生产。1990 年全县种植棉花 10.41 万亩，其中万亩以上的乡（镇）有 6 个。总产 6 286 吨，平均亩产 60 千克，创历史最高纪录，获国家农林渔业部和纺织工业部奖励。总产、单产均进入全省"十强"。同年，本县被列为全国优质棉基地县。1996 年，又被确定为"九五"期间首批国家级粮食基地县。

1996—1999 年，历时 4 年县委、县政府根据党中央及省、市的主要精神，确立了"四五"发展战略，就是实施粮棉、林果、养殖、蔬菜、加工"五业开发"，城郊区、农牧区、林果区、林牧区、矿产区"五区布局"，增水、节水、保水、蓄水、管水"五水奠基"，通路、通电、通自来水、通有线电视、通电话"五通并举"的"四五"战略目标。

2000—2005 年，历时 6 年县委、县政府突出产业基地和产业园区建设，连续实施了"四大工程"、"五大园区"、"六大基地"建设工程。

2006—2010 年，历时 5 年，平遥县委、县政府立足平遥县情，在统揽农业农村工作大局上，紧紧围绕把平遥建设成为国际更具知名度、国内最具影响力的晋商文化旅游中心城市大目标，确立并实施了农业农村工作"五体统筹"、"五措并举"、"五建着力"、"五型推进"战略。就是在工作指向上，以城乡空间布局、经济发展、基础设施、生态环境、公共服务一体化"五体统筹"，跳出农村抓农村，构建晋商文化旅游中心城市带动的大城市、大平遥发展格局；在工作方法上，以规划引领、产业支撑、环境切入、行动示范、联动共建"五措并举"，发挥农民主体作用，致力形成政府主导的整合城乡资源和调动各方力量的长效建设机制；在工作重点上，以基础建设、龙头建设、基地建设、特色建设、体系建设"五建着力"，转变传统农业生产模式，把发展现代农业作为新农村建设的首要任务始终不渝抓在手上；在工作模式上，以城郊服务型、工贸带动型、文化旅游型、农业产业型、生态屏障型"五型推进"，打破千村一面发展格局，打造世界文化遗产引领的各具特色的新农村。这一战略的实施和落实，促进全县农村呈现出了产业崛起、龙头壮大、农民增收、各项事业进步的良好局面。

到 2011 年，平遥县先后争取成为山西省晋中市现代农业示范区 4 个核心示范县之一，全省的粮油生产大县，蔬菜、梨、苹果生产重点县，蛋鸡养殖基地县，全县地区生产总值完成 82.04 亿元；财政总收入 11 亿元；农村经济总收入 87.9 亿元；农民人均纯收入 6 917元；粮食总产量 24.7 万吨，平均单产 421 千克；蔬菜总产 36 万吨；水果总产 16.5 万吨，位居山西省前十位；农产品加工龙头企业年销售收入达 20 亿余元，名列山西省首位；猪、牛、羊、鸡饲养量分别为 51 万头、5 万头、25 万只、1 350 万只，肉、蛋、奶产量分别达到 4.2 万吨、蛋 5.1 万吨、2.85 万吨，畜禽饲养量和肉蛋奶总产量都位居全省第一。先后荣获"全国粮食生产先进县"、"全国平安农机示范县"、"全省规模健康养殖先进县"、"全省农产品加工龙头企业发展先进县"、"全省造林绿化先进单位"、"全省水务一体化先进县"、"全省农田水利基本建设'禹王杯'先进县"等多项荣誉。

二、农业发展现状与问题

平遥县坚持把"三农"工作摆在更加重要和牵动全局的位置，以提高农民收入为主要目标，进一步加大强农惠农力度，按照稳粮食、重蔬菜、扩林果、强养殖、扬龙头、打基础、促增收的思路，坚持市场导向、效益优先和科技支撑，实行产业化发展、板块化布局、集约化生产、品牌化经营、规模化组织、体系化服务，做大规模，提升品质，做强品牌，把平遥建成山西省有一定影响的现代农业示范县、龙头企业特色县、健康规模养殖基地县，取得了显著成效。一是农业生产稳步发展，经济结构进一步优化，其中种植业生产稳中有升，林业建设有序推进，畜牧业生产有升有降，农、林、牧、渔服务业保持平稳增长，农业经济结构平稳调优；二是现代农业建设扎实推进，转型升级逐步加快，表现为粮食种植优质化、基地化，畜禽养殖规模化、综合化，农业观光旅游规范化、品牌化。

平遥县光热资源丰富，园田化水平较高，但水资源较缺，是农业发展的主要制约因素。全县耕地面积 76.5 万亩，有效灌溉面积面积 50.37 万亩，占耕地面积 65.84%。农村劳动力资源总数 196 041 人，劳动力资源丰富。

平遥县粮食作物有小麦、玉米、高粱、谷子、糜子、莜麦、豆类，其中小麦、玉米是主要大宗作物；经济作物主要有棉花和油料作物，油料作物主要是花生、向日葵；水果种植以酥梨为主；蔬菜种植趋向于设施蔬菜。

小麦在 20 世纪 90 年代是全县第一大粮食作物，受市场、效益等多方面因素的影响，全县小麦种植面积逐年下滑，虽然单产连续 8 年增长，但面积下滑，影响了总产大幅下滑。

玉米曾作为全县第二大粮食作物，随着种粮补贴政策的落实和养殖业的发展，加之种植玉米比较效益的提高，玉米种植积逐年提高，特别是从 2004 年开始达到 30 万亩以上。

棉花 20 世纪 90 年代纯是全县的第一大经济作物,随着国家对棉花产业政策的调整,平遥县的棉花面积急剧滑坡。近几年只有部分农民根据需要种植一少部分自留棉,平均亩产皮棉为 50 千克左右。

油料作物 2000 年前后是本县的第一大经济作物,随着设施蔬菜和水果产业的发展,今年来油料作物稳定为 3 万亩左右。

平遥县是全省的蔬菜生产重点县、现代农业核心示范县,是省列入"百万棚行动计划"的 7 个县之一。1997—2008 年,全县设施蔬菜维持为几百亩左右。2009 年以来,县委、县政府加大设施蔬菜建设力度,截至 2011 年年底,设施蔬菜种植面积达 1.43 万亩,其中温室 3 690 亩,大棚 8 640 亩,小拱棚 2 000 亩。

水果产业是平遥县农民增收的支柱产业之一,至 2011 年年底水果总面积达 18.67 万亩,其中苹果 9 万亩,梨 9.05 万亩,葡萄 0.12 万亩,桃 0.2 万亩,杏 0.2 万亩,其他 0.1 万亩,水果总产量 16.5 万吨。全县共建成各级水果示范园 112 个,已注册的水果专业合作社有 45 个,每个合作社吸纳果园面积都在 100 亩以上,总面积超过 2 万亩。全县现有储量为 1.5 万~5 万千克的水果储藏洞 4 000 多个,总储量为 8 000 万千克以上;机械制冷储存库 35 处(其中,气调库 1 处),总储量为 1 500 万千克以上。这些储存库及储存洞基本可以将本县的上等水果全部储存,使全县的水果达到季产年销、周年供应。

1997—2011 年平遥县主要作物种植面积及总产量见表 1 - 1。

表 1 - 1 1997—2011 年平遥县主要作物种植面积及总产

单位:亩、万千克

年份	粮食		油料		棉花		水果		蔬菜	
	面积	总产	面积	总产	面积	总产	面积	总产	面积	总产
1997	728 831	16 148.4	39 099	509.3	67 152	261.3	60 000	5 800	—	—
1998	764 577	19 024.1	61 133	882.1	32 238	177.1	67 000	6 000	—	—
1999	738 837	15 840.5	95 996	1 087.1	18 966	89.2	80 000	6 500	—	—
2000	612 000	10 619.9	138 560	1 929.4	9 574	46.0	87 000	7 000	—	—
2001	456 238	9 723.3	91 939	1 569.1	11 447	47.5	90 000	7 400	—	—
2002	483 549	12 736.0	140 746	2 420.2	4 971	23.5	105 000	8 800	—	—
2003	451 366	12 618.0	141 431	2 075.4	4 255	21.2	125 000	9 500	—	—
2004	568 177	18 053.0	73 366	1 666.2	7 530	44.6	130 000	9 500	—	—
2005	617 126	18 758.8	65 686	1 425.9	2 096	10.2	135 000	9 500	117 000	31 260
2006	621 284	19 746.0	47 632	907.4	648	3.2	142 000	8 800	117 000	31 824
2007	637 476	20 888.3	34 371	739.3	280	1.4	150 000	10 000	141 000	29 478
2008	620 550	20 097.3	23 587	46 5.8	528	2.4	155 000	8 500	142 000	32 000
2009	625 560	21 272.0	27 780	614.5	330	1.7	165 000	11 000	140 000	35 140
2010	615 270	23 849.8	20 310	446.7	300	1.3	176 000	16 000	140 000	36 060
2011	619 500	24 816.4	20 400	359.5	800	4.0	186 700	16 500	140 000	38 000

1997—2011 年平遥县粮食作物种植面积、亩产及总产量见表 1-2。

表 1-2 1997—2011 年平遥县粮食作物种植面积、亩产及总产

单位：亩、千克、吨

年份	小 麦			玉 米			高 粱		
	面 积	亩 产	总 产	面 积	亩 产	总 产	面 积	亩 产	总 产
1997	274 337	272.0	74 590	144 808	288.58	41 789	96 584	282.0	27 188
1998	272 885	256.0	69 933	155 350	363.18	56 420	84 472	367.0	30 984
1999	247 168	250.0	61 680	176 815	302.97	53 569	77 177	270.0	20 800
2000	182 886	145.0	26 555	97 391	329.20	32 061	40 585	332.0	13 468
2001	134 955	182.0	24 586	132 996	274.67	36 530	65 057	322.0	20 933
2002	116 955	267.0	31 239	138 941	342.49	47 586	60 781	379.0	23 008
2003	89 869	276.0	24 795	157 262	367.30	57 762	53 806	374.0	20 104
2004	65 449	277.0	18 149	331 804	396.17	131 452	27 334	331.0	9 056
2005	107 740	197.0	21 258	347 514	385.70	134 037	27 218	361.0	9 829
2006	86 963	255.0	22 133	378 759	383.05	145 085	26 631	373.0	9 923
2007	79 038	255.0	20 131	435 923	382.83	166 883	15 396	383.0	5 890
2008	35 700	272.6	9 733	471 800	362.10	170 838	21 900	344.5	7 546
2009	31 660	259.7	7 963	501 139	393.35	197 125	14 010	330.0	4 623
2010	21 225	265.3	5 673	511 446	440.10	225 067	12 645	428.2	5 668
2011	18 600	276.6	5 144	521 161	458.60	238 931	9 000	420.3	3 745

2011 年，平遥县农、林、牧、副、渔业总产值为 174 015.2 万元。其中，农业产值91 130 万元，占 52.37%；林业产值 3 930 万元，占 2.26%；牧业产值 75 091.4 万元，占43.15%；渔业产值 383.6 万元，占 0.22%；农、林、牧、渔、服务业 3 480 万元，占 2%。

平遥县 2011 年农作物总播种面积 96.76 万亩，粮食播种面积为 61.95 万亩。其中小麦面积为 1.86 万亩，玉米 52.1 万亩，高粱 0.9 万亩，谷子 1.8 万亩；其他作物总面积5.29 万亩；蔬菜 14 万亩，水果 18.67 万亩，油料 2.04 万亩。

平遥县 2011 年畜禽饲养量为牛存栏 11 159 头，其中肉牛 5 399 头，奶牛 5 760 头，当年牛出栏头数 10 587 头；猪存栏 78 803 头，羊存栏 142 690 只；鸡存栏 3 755 830 只。

截至 2009 年，全县农机总动力 26.5 万千瓦，大中型拖拉机保有量达到 860 台，县域内主要农作物综合机械化水平达到了 62%。

平遥县已配套机电井 1 965 眼，有惠柳婴、汾河万亩以上自流灌区 2 处，小型电灌站215 处，小型水利工程 166 处。有 2 630 万立方米库容的尹回中型水库 1 座，小型水库 6座。全县水利机械达 2 179 台，总动力达到 35 090 千瓦。固定渠道达到 3 660 千米，累计防渗 1 830.6 千米，其中低压管道 1 529 千米，U 形防洪渠 301.6 千米。

从平遥县农业生产看，一是现代化农业的功能有待进一步强化。如农民专业合作社规模较小，抗风险能力不强；农业基础设施较薄弱，加工、冷链、运输等设备缺乏；名牌农产品还不多，种类不够丰富，优质农产品影响力不大等；二是农业生产成本有所增加。种

子、肥料以及农膜价格逐年上涨，农业人工成本提高，以及成品油价格上涨也导致运输成本有所增加。

第三节　耕地利用与保养管理

一、主要耕作方式及影响

平遥县的农田耕作方式有一年两作即小麦—玉米（或豆类），一年一作（玉米）。前茬作物收获后，秸秆还田旋耕，播种，旋耕深度一般20～25厘米，有效地提高了土壤有机质含量。通过耕翻、耙压、中耕松土，使土壤的水、肥、气、热条件更适合农作物生长发育的需要，发挥了土壤的生产潜力。

二、耕地利用现状，生产管理及效益

平遥县种植作物主要有玉米、小麦、棉花、油料、小杂粮、蔬菜为主，兼种一些经济作物。耕作制度有一年一作，一年两作。灌溉水源有深井、河水、水库；灌溉方式河水大多采取大水漫灌，井水一般大多采用畦灌。一般年份，河灌区每季作物浇水1～2次，平均费用30元/（亩·次）左右；井灌区一般粮食3～5水、蔬菜5水以上，平均费用40～60元/（亩·次）。生产管理上机械化水平较高，但随着油价上涨，费用也在不断提高。一般亩投入120元左右。

2011年，平遥县农作物总播种面积为80.68万亩，其中粮食作物播种面积61.76万亩，全县玉米面积52.1万亩，总产23 893.1万千克；小麦面积1.86万亩，总产514.4万千克；高粱0.9万亩，总产374.49万千克；谷子1.77万亩，总产393.05万千克；其他作物总面积5.29万亩；还有薯类2.5万亩。

效益分析：2011年小麦平均亩产273.1千克，每千克售价2.2元，产值601元，投入500元，亩纯收入101元；玉米平均亩产458.6千克，每千克售价2.1元，亩产值941元，亩投入300元，亩收益600元。

酥梨一般亩纯收入1 500元左右，蔬菜一般亩纯收入2 000元左右，设施蔬菜一般亩纯收入10 000元以上。

三、施肥现状与耕地养分演变

施肥是农作物增产丰收的重要措施。20世纪50年代，基本以自然肥料为主，主要有人粪尿、猪羊厩肥、各种枯枝落叶、草木灰、各种作物的秸秆等制成的堆沤肥料；化学肥料施用虽已使用，但所占比例很小。20世纪60年代，虽然大面积施用化学肥料，有机肥料仍占绝对优势；20世纪70年代，随着农业生产的发展，肥料结构发生了很大变化。传统积肥大大减少；化学肥料用量剧增，有机、无机肥料的施用比例为30：70，出现了化肥当家的局面。

平遥县大田施肥情况是农家肥施用呈下降趋势。过去农村耕地、运输主要以畜力为主，农家肥主要是大牲畜粪便。1949 年全县仅有大牲畜 1.07 万头，随着新中国成立后农业生产的恢复和发展，到 1954 年增加到 1.42 万头。1967 年发展到 1.61 万头。随着社会的不断发展和生产机械化程度的不断提高，马、骡、驴的用途越显得不足，饲养量呈现明显的下降趋势。1965 年马、骡、驴的养殖量是本县创历史来的顶峰，存栏达 2 099 匹、4 469 头、4 581 头。随后逐年下降，到 1997 年本县马、骡、驴存栏数已为 335 匹、3 917 头、1 515 头。2006 年末存栏已下降至 130 匹、1 633 头、578 头。

作为牛肉之乡，养牛业在平遥县具有悠久的历史。近年来，随着人们生活水平的不断提高和膳食结构的改变，本县的养牛业已由原先的役用为主逐步转向畜产品商品生产，搞肉牛育肥和奶牛养殖成为了养牛业的发展方向。20 世纪 90 年代后期，本县养牛业呈现出了良好的发展势头，饲养量不断增长，1997 年底，本县牛存栏达到 3.07 万头，其中奶牛 2 099 头，肉牛及改良黄牛 2.86 万头。2002 年底，全县牛存栏达到 3.2 万头。2004 年底全县牛存栏已达到 3.40 万头，其中奶牛 6 900 头，肉牛及改良黄牛 2.71 万头。2005 年本县养牛业转向低迷，养殖量有所下降，年底全县牛存栏为 2.54 万头，2007 后半年开始，养牛业保持平稳发展，养殖效益较好，养殖量逐年增加。2011 年底，本县牛存栏数量达 3.25 万头，其中奶牛为 9 962 头，肉牛及改良黄牛 2.25 万头。

2011 年平遥县全年化肥使用量（纯量）氮肥 2 870 吨，磷肥 1 700 吨，钾肥 1 350 吨，平均每公顷施 0.12 吨，氮、磷、钾比例为 1：0.6：0.47。

2011 年，平遥县土壤养分平均值为有机质 12 克/千克，全氮 0.07 克/千克，有效磷 12 毫克/千克，速效钾 144 毫克/千克与 1983 年第二次全国土壤普查结果相比，土壤有机质平均增加了 2.1 克/千克，全氮增加了 0.14 克/千克，有效磷增加了 6.06 毫克/千克，速效钾增加了 20 毫克/千克。

四、农田环境质量与历史变迁

农田环境质量的好坏，直接影响农产品的产量和品质。1980—2000 年随着经济高速发展，平遥县工业发展很快，给农业生态环境带来严重污染。汾河是本县农业灌溉的主要水源之一，为保障农田环境，本县政府按照"谁污染，谁治理"的原则，大力整治汾河沿岸 3 千米范围内的污染企业，保证污染物稳定达标排放。确保汾河平遥段、磁窑河平遥段及柳根河、惠济河、沙河地表水在本县境内不恶化，省、市控地表水段面水质进一步好转。

近年来，平遥县连续开展了以"环境治理年"、"整治违法排污企业保障群众健康"、"城乡环境综合整治"为主题的一系列环保攻坚行动，全县的环境质量有了明显改善。平遥县环境质量现状：

（1）空气：平遥县 2009 年空气质量二级天数为 350，其余为三级，空气中主要污染物为 SO_2。

（2）地表水：县域内主要河流为汾河，属黄河流域，评价区汾河段执行《地表水环境质量标准》（GB 3838—2002）中 V 类标准，水质现状为 4 类，水质指标 COD 值约为 135

毫克/升，NH$_3$-N 值约为 25 毫克/升。

（3）地下水：县域地下水总量 8 958 万立方米，水质类型为 HCO$_3$-Ca、HCO$_3$-CaMg、HCO$_3$-NaMg 或 HCO$_3$-Na 型水，评价区地下水执行《地下水环境质量标准》（GB/T 14848—1993）中Ⅲ类水标准，汾河以南及汾河谷地部分地区地下水酚、氟含量较高。

五、耕地利用与保养管理简要回顾

1985—1995 年，根据全国第二次土壤普查结果，平遥县划分了土壤利用改良区，根据不同土壤类型，不同土壤肥力和不同生产水平，提出了合理利用培肥措施，达到了培肥土壤目的。

1995—2005 年，随着农业产业结构调整步伐加快，实施沃土计划，推广平衡施肥，小麦、玉米秸秆直接还田。2005 年以后，退耕还林、巩固退耕还林区基本口粮田建设、中低产田改造、耕地综合生产能力建设、户用沼气、新型农民科技培训、设施农业、新农村建设等一批项目的实施，特别是 2009 年以来，全县连续 3 年实施了测土配方施肥项目，使全县施肥更合理、更科学，加上土壤结构改良剂、精制有机肥、抗旱保水剂、配方肥、复合肥等新型肥料的使用，农业大环境得到了有效改变。随着科学发展观的贯彻落实，环境保护力度不断加大，政府加大了对农业的投入，并采取了一系列的有效措施，农田环境日益好转，全县农业生产正逐步向优质、高产、高效、安全迈进。

第二章 耕地地力调查与质量评价的内容与方法

根据《耕地地力调查与质量评价技术规程》和《全国测土配方施肥技术规范》（以下简称《规程》和《规范》）的要求，通过肥料效应田间试验、样品采集与制备、田间基本情况调查、土壤与植株测试、肥料配方设计、配方肥料合理使用、效果反馈与评价、数据汇总、报告撰写等内容、方法与操作规程和耕地地力评价方法的工作过程，进行耕地地力调查和质量评价。这次调查和评价是基于 4 个方面进行的：一是通过耕地地力调查与评价，合理调整农业结构、满足市场对农产品多样化、优质化的要求以及经济发展的需要；二是全面了解耕地质量现状，为无公害农产品、绿色食品、有机食品生产提供科学依据，为人民提供健康安全食品；三是针对耕地土壤的障碍因子，提出中低产田改造、防止土壤退化及修复已污染土壤的意见和措施，提高耕地综合生产能力；四是通过调查，建立全县耕地资源信息管理系统和测土配方施肥专家咨询系统，对耕地质量和测土配方施肥实行计算机网络管理，形成较为完善的测土配方施肥数据库，为农业增产、增效，农民增收提供科学决策依据，保证农业可持续发展。

第一节 工作准备

一、组织准备

由山西省农业厅牵头成立测土配方施肥和耕地地力调查领导小组、专家组、技术指导组，平遥县成立相应的领导小组、办公室、野外调查队和室内资料数据汇总组。

二、物质准备

根据《规程》和《规范》要求，进行了充分物质准备，先后配备了 GPS 定位仪、不锈钢土钻、计算机、钢卷尺、100 立方厘米环刀、土袋、可封口塑料袋、水样瓶、水样固定剂、化验药品、化验室仪器以及调查表格等。并在原来土壤化验室基础上，进行必要补充和维修，为全面调查和室内化验分析做好了充分的物质准备。

三、技术准备

领导组聘请农业系统有关专家及第二次土壤普查有关人员，组成技术指导组，根据《规程》和《山西省耕地地力调查与质量评价实施方案》及《规范》，制定了《平遥县测土配方施肥技术规范及耕地地力调查与质量评价技术规程》，并编写了技术培训教材。在采样调查前对采样调查人员进行认真、系统的技术培训。

四、资料准备

按照《规程》和《规范》要求，收集了平遥县行政规划图、地形图、第二次土壤普查成果图、基本农田保护区划图、土地利用现状图、农田水利分区图等图件。收集了第二次土壤普查成果资料、基本农田保护区地块基本情况、基本农田保护区划统计资料、大气和水质量污染分布及排污资料，果树、蔬菜、棉花面积、品种、产量及污染等有关资料，农田水利灌溉区域、面积及地块灌溉保证率，退耕还林规划，肥料、农药使用品种及数量、肥力动态监测等资料。

第二节 室内预研究

一、确定采样点位

（一）布点与采样原则

为了使土壤调查所获取的信息具有一定的典型性和代表性，提高工作效率，节省人力和资金。采样点参考县级土壤图，做好采样规划设计，确定采样点位。实际采样时严禁随意变更采样点，若有变更须注明理由。我们在布点和采样时主要遵循了以下原则：一是布点具有广泛的代表性，同时兼顾均匀性。根据土壤类型、土地利用等因素，将采样区域划分为若干个采样单元，每个采样单元的土壤性状要尽可能均匀一致；二是耕地地力调查与污染调查（面源污染与点源污染）相结合，适当加大污染源点位密度；三是尽可能在全国第二次土壤普查时的剖面或农化样取样点上布点；四是采集的样品具有典型性，能代表其对应的评价单元最明显、最稳定、最典型的特征，尽量避免各种非调查因素的影响；五是所调查农户随机抽取，按照事先所确定采样地点寻找符合基本采样条件的农户进行，采样在符合要求的同一农户的同一地块内进行。

（二）布点方法

1. 大田土样布点方法 按照全国《规程》和《规范》，结合平遥县实际，将大田样点密度定为平原区、丘陵区平均每200亩一个点位，实际布设大田样点3 800个。一是依据山西省第二次土壤普查土种归属表，把那些图斑面积过小的土种，适当合并至母质类型相同、质地相近、土体构型相似的土种，修改编绘出新的土种图；二是将归并后的土种图与基本农田保护区划图和土地利用现状图叠加，形成评价单元；三是根据评价单元的个数及相应面积，在样点总数的控制范围内，初步确定不同评价单元的采样点数；四是在评价单元中，根据图斑大小、种植制度、作物种类、产量水平等因素的不同，确定布点数量和点位，并在图上予以标注。点位尽可能选在第二次土壤普查时的典型剖面取样点或农化样品取样点上；五是不同评价单元的取样数量和点位确定后，按照土种、作物品种、产量水平等因素，分别统计其相应的取样数量。当某一因素点位数少或过多时，再根据实际情况进行适当调整。

2. 耕地质量调查土样布点方法　面源耕地土壤环境质量调查土样，按每个代表面积100亩布点，在疑是污染区，标点密度适当加大，按0.5万～1万亩取1个样，如污染、灌溉区、城市垃圾或工业废渣集中排放区，农药、化肥、农用塑料大量施用的农田为调查重点。根据调查了解的实际情况，确定点位位置，根据污染类型及面积，确立布点方法。此次调查，共布设面源质量调查土样40个。

点源环境调查土样，采样点在污染源（纸业有限公司、焦化厂、汾河入境、中段、出境口）各取3个土样（每个样距污染中心源250米、500米、1 500米处分别布点采样）。此次调查共布设点源环境质量调查土样15个。

3. 果园样布点方法　按照《山西省果园土壤养分调查技术规程》要求，结合平遥县实际情况，在样点总数的控制范围内根据土壤类型、母质类型、地形部位、果树品种、树龄等因素确定相应的取样数量，每100亩布设一个采样点，共布设果园土壤样点900个。同时采集当地主导果品样品进行果品质量分析。

二、确定采样方法

（一）大田土样采集方法

1. 采样时间　在大田作物收获后、秋播作物施肥前进行。按叠加图上确定的调查点位去野外采集样品。通过向农民实地了解当地的农业生产情况，确定最具代表性的同一农户的同一块田采样，田块面积均为1亩以上，并用GPS定位仪确定地理坐标和海拔高程，记录经纬度，精确到0.1″。依此准确方位修正点位图上的点位位置。

2. 调查、取样　向已确定采样田块的户主，按农户地块调查表格的内容逐项进行调查并认真填写。调查严格遵循实事求是的原则，对那些说不清楚的农户，通过访问地力水平相当、位置基本一致的其他农户或对实物进行核对推算。采样主要采用"S"法，均匀随机采取15～20个采样点，充分混合后，四分法留取1千克组成一个土壤样品，并装入已准备好的土袋中。

3. 采样工具　主要采用不锈钢土钻，采样过程中努力保持土钻垂直，样点密度均匀，基本符合厚薄、宽窄、数量的均匀特征。

4. 采样深度　为0～20厘米耕作层土样。

5. 采样记录　填写两张标签，土袋内外各具1张，注明采样编号、采样地点、采样人、采样日期等。采样同时，填写大田采样点基本情况调查表和大田采样点农户调查表。

（二）耕地质量调查土样采集方法

根据污染类型及面积大小，确定采样点布设方法。污水灌溉农田采用对角线布点法；固体废物污染农田或污染源附近农田采用棋盘或同心圆布点法；面积较小、地形平坦区域采用梅花布点法；面积较大、地势较复杂区域采用"S"布点法。每个样品一般由20～25个采样点组成，面积大的适当增加采样点。采样深度一般为0～20厘米。采样同时，对采样地环境情况进行调查。

（三）果园土样采集方法

根据点位图所在位置到所在的村庄向农民实地了解当地果园品种、树龄等情况，确定具有代表性的同一农户的同一果园地进行采样。果园在果品采摘后的第一次施肥前采集。用 GPS 定位仪定位，依此修正图位上的点位位置。采样深为 0～40 厘米。采样同时，做好采样点调查记录。

（四）土壤容重采样方法

大田土壤选择 5～15 厘米土层打环刀，打 3 个环刀。蔬菜地普通样口在 10～25 厘米。剖面样品在每层中部位置打环刀，每层打 3 个环刀。土壤容重点位和大田样点、菜田样点或土壤质量调查样点相吻合。

三、确定调查内容

根据《规范》要求，按照"测土配方施肥采样地块基本情况调查表"认真填写。这次调查的范围是基本农田保护区耕地和园地，包括蔬菜、果园和其他经济作物田。调查内容主要有 4 个方面：一是与耕地地力评价相关的耕地自然环境条件，农田基础设施建设水平和土壤理化性状，耕地土壤障碍因素和土壤退化原因等；二是与农产品品质相关的耕地土壤环境状况，如土壤的富营养化、养分不平衡与缺乏微量元素和土壤污染等；三是与农业结构调整密切相关的耕地土壤适宜性问题等；四是农户生产管理情况调查。

以上资料的获得，一是利用第二次土壤普查和土地利用详查等现有资料，通过收集整理而来；二是采用以点带面的调查方法，经过实地调查访问农户获得的；三是对所采集样品进行相关分析化验后取得的；四是将所有有限的资料、农户生产管理情况调查资料、分析数据录入到计算机中，并经过矢量化处理形成数字化图件、插值，使每个地块均具有各种资料信息，来获取相关资料信息。这些资料和信息，对分析耕地地力评价与耕地质量评价结果及影响因素具有重要意义。如通过分析农户投入和生产管理对耕地地力土壤环境的影响，分析农民现阶段投入成本与耕地质量直接的关系，有利于提高成果的现实性，引起各级领导的关注。通过对每个地块资源的充实完善，可以从微观角度，对土、肥、气、热、水资源运行情况有更周密的了解，提出管理措施和对策，指导农民进行资源合理利用和分配。通过对全部信息资料的了解和掌握，可以宏观调控资源配置，合理调整农业产业结构，科学指导农业生产。

四、确定分析项目和方法

根据《规程》及《山西省耕地地力调查及质量评价实施方案》和《规范》规定，土壤质量调查样品检测项目为：pH、有机质、全氮、碱解氮、全磷、有效磷、全钾、速效钾、缓效钾、有效硫、阳离子交换量、有效铜、有效锌、有效铁、有效锰、水溶性硼、有效钼17 个项目；土壤环境检测项目为：硝态氮、pH、总磷、汞、铜、锌、铅、镉、砷、六价铬、镍、阳离子交换量、全盐量、全氮、有机质 15 个项目；果园土壤样品检测项目为：pH、有机质、全氮、有效磷、速效钾、有效钙、有效镁、有效铜、有效锌、有效铁、有效锰、有效硼12个项目。其分析方法均按全国统一规定的测定方法进行。

五、确定技术路线

平遥县耕地地力调查与质量评价所采用的技术路线见图2-1。

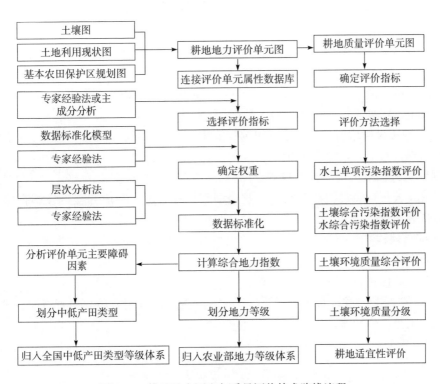

图2-1 耕地地力调查与质量评价技术路线流程

1. 确定评价单元 利用基本农田保护区区划图、土壤图和土地利用现状图叠加的图斑为基本评价单元。相似相近的评价单元至少采集一个土壤样品进行分析，在评价单元图上连接评价单元属性数据库，用计算机绘制各评价因子图。

2. 确定评价因子 根据全国、省级耕地地力评价指标体系并通过农科教专家论证来选择平遥县县域耕地地力评价因子。

3. 确定评价因子权重 用模糊数学德尔菲法和层次分析法将评价因子标准数据化，并计算出每一评价因子的权重。

4. 数据标准化 选用隶属函数法和专家经验法等数据标准化方法，对评价指标进行数据标准化处理，对定性指标要进行数值化描述。

5. 综合地力指数计算 用各因子的地力指数累加得到每个评价单元的综合地力指数。

6. 划分地力等级 根据综合地力指数分布的累积频率曲线法或等距法，确定分级方案，并划分地力等级。

7. 归入全国耕地地力等级体系 依据《全国耕地类型区、耕地地力等级划分》（NY/T 309—1996），归纳整理各级耕地地力要素主要指标，结合专家经验，将各级耕地地力归入全国耕地地力等级体系。

8. 划分中低产田类型 依据《全国中低产田类型划分与改良技术规范》(NY/T 310—1996),分析评价单元耕地土壤主要障碍因素,划分并确定中低产田类型。

9. 耕地质量评价 用综合污染指数法评价耕地土壤环境质量。

第三节 野外调查及质量控制

一、调查方法

野外调查的重点是对取样点的立地条件、土壤属性、农田基础设施条件、农户栽培管理成本、收益及污染等情况全面了解、掌握。

1. 室内确定采样位置 技术指导组根据要求,在1:10 000评价单元图上确定各类型采样点的采样位置,并在图上标注。

2. 培训野外调查人员 抽调技术素质高、责任心强的农业技术人员,尽可能抽调第二次土壤普查人员,经过为期3天的专业培训和野外实习,组成6支野外调查队,共20余人参加野外调查。

3. 根据《规程》和《规范》要求,严格取样 各野外调查支队根据图标位置,在了解农户农业生产情况基础上,确定具有代表性田块和农户,用GPS定位仪进行定位,依据田块准确方位修正点位图上的点位位置。

4. 按照《规程》、省级实施方案要求规定和《规范》规定,填写调查表格,并将采集的样品统一编号,带回室内化验。

二、调查内容

(一)基本情况调查项目

1. 采样地点和地块 地址名称采用民政部门认可的正式名称,地块采用当地的通俗名称。

2. 经纬度及海拔高度 由GPS定位仪进行测定。

3. 地形地貌 以形态特征划分为五大地貌类型,即山地、丘陵、平原、高原和盆地。

4. 地形部位 指中小地貌单元。主要包括河漫滩、一级阶地、二级阶地、高阶地、坡地、梁地、垣地、峁地、山地、沟谷、洪积扇(上、中、下)、倾斜平原、河槽地、冲积平原。

5. 坡度 一般分为<2.0°、2.1°~5.0°、5.1°~8.0°、8.1°~15.0°、15.1°~25.0°、≥25.0°。

6. 侵蚀情况 按侵蚀种类和侵蚀程度记载,根据土壤侵蚀类型可划分为水蚀、风蚀、重力侵蚀、冻融侵蚀、混合侵蚀等,侵蚀程度通常分为无明显、轻度、中度、强度、极强度等六级。

7. 潜水深度 指地下水深度,分为深位(3~5米)、中位(2~3米)、浅位(≤2米)。

8. 家庭人口及耕地面积　指每个农户实有的人口数量和种植耕地面积（亩）。

（二）土壤性状调查项目

1. 土壤名称　统一按第二次土壤普查时的连续命名法填写，详细到土种。

2. 土壤质地　国际制；全部样品均需采用手摸测定；质地分为：沙土、沙壤、壤土、黏壤、黏土等五级。室内选取 10％的样品采用比重计法（粒度分布仪法）测定。

3. 质地构型　指不同土层之间质地构造变化情况。一般可分为通体壤、通体黏、通体沙、黏夹沙、底沙、壤夹黏、多砾、少砾、夹砾、底砾、少姜、多姜等。

4. 耕层厚度　用铁锹垂直铲下去，用钢卷尺按实际进行测量确定。

5. 障碍层次及深度　主要指沙土、黏土、砾石、料姜等所发生的层位、层次及深度。

6. 盐碱情况　按盐碱类型划分为苏打盐化、硫酸盐盐化、氯化物盐化、混合盐化等。按盐化程度分为重度、中度、轻度等，碱化也分为轻、中、重度等。

7. 土壤母质　按成因类型分为保德红土、残积物、河流冲积物、洪积物、黄土状冲积物、离石黄土、马兰黄土等类型。

（三）农田设施调查项目

1. 地面平整度　按大范围地形坡度分为平整（<2°）、基本平整（2°～5°）、不平整（>5°）。

2. 梯田化水平　分为地面平坦、园田化水平高，地面基本平坦、园田化水平较高，高水平梯田，缓坡梯田，新修梯田，坡耕地 6 种类型。

3. 田间输水方式　管道、防渗渠道、土渠等。

4. 灌溉方式　分为漫灌、畦灌、沟灌、滴灌、喷灌、管灌等。

5. 灌溉保证率　分为充分满足、基本满足、一般满足、无灌溉条件 4 种情况或按灌溉保证率（％）计。

6. 排涝能力　分为强、中、弱三级。

（四）生产性能与管理情况调查项目

1. 种植（轮作）制度　分为一年一熟、一年两熟、两年三熟等。

2. 作物（蔬菜）种类与产量　指调查地块上年度主要种植作物及其平均产量。

3. 耕翻方式及深度　指翻耕、旋耕、耙地、耱地、中耕等。

4. 秸秆还田情况　分翻压还田、覆盖还田等。

5. 设施类型棚龄或种菜年限　分为薄膜覆盖、塑料拱棚、温室等，棚龄以正式投入算起。

6. 上年度灌溉情况　包括灌溉方式、灌溉次数、年灌水量、水源类型、灌溉费用等。

7. 年度施肥情况　包括有机肥、氮肥、磷肥、钾肥、复合（混）肥、微肥、叶面肥、微生物肥及其他肥料施用情况，有机肥要注明类型，化肥指纯养分。

8. 上年度生产成本　包括化肥、有机肥、农药、农膜、种子（种苗）、机械人工及其他。

9. 上年度农药使用情况　农药作用次数、品种、数量。

10. 产品销售及收入情况。

11. 作物品种及种子来源。

12. 蔬菜效益 指当年纯收益。

三、采样数量

在平遥县76.5万亩耕地上,共采集大田土壤样品 3 800 个,果园土壤样品 900 个,土壤面源污染 40 个。

四、采样控制

野外调查采样是此次调查评价的关键。既要考虑采样代表性、均匀性,也要考虑采样的典型性。根据平遥县的区划划分特征,分别在山前洪积扇、二级阶地、一级阶地、河漫滩、山前倾斜平原区、丘陵区及不同作物类型、不同地力水平的农田严格按照《规程》和《规范》要求均匀布点,并按图标布点实地核查后进行定点采样。在工矿周围农田质量调查方面,重点对使用工业水浇灌的农田以及大气污染较重的纸业、金属镁厂等附近农田进行采样;果园主要集中在山前洪积扇、二级阶地、丘陵区一带,所以在果园集中区进行了重点采样。整个采样过程严肃认真,达到了《规程》要求,保证了调查采样质量。

第四节 样品分析及质量控制

一、分析项目及方法

(一)物理性状
土壤容重:采用环刀法测定。
(二)化学性状
1. 土壤样品
(1) pH:采用土液比 1∶2.5,电位法测定。
(2) 有机质:采用油浴加热重铬酸钾氧化容量法测定。
(3) 全磷:采用氢氧化钠熔融——钼锑抗比色法测定。
(4) 有效磷:采用碳酸氢钠或氟化铵——盐酸浸提——钼锑抗比色法测定。
(5) 全钾:采用氢氧化钠熔融——火焰光度计或原子吸收分光光度计法测定。
(6) 速效钾:采用乙酸铵浸提——火焰光度计或原子吸收分光光度计法测定。
(7) 全氮:采用凯氏蒸馏法测定。
(8) 碱解氮:采用碱解扩散法测定。
(9) 缓效钾:采用硝酸提取——火焰光度法测定。
(10) 有效铜、锌、铁、锰:采用DTPA提取—原子吸收光谱法测定。
(11) 有效钼:采用草酸—草酸铵浸提——极谱法草酸—草酸铵提取、极谱法测定。
(12) 水溶性硼:采用沸水浸提——甲亚胺—H比色法或姜黄素比色法测定。
(13) 有效硫:采用磷酸盐—乙酸或氯化钙浸提——硫酸钡比浊法测定。

（14）有效硅：采用柠檬酸浸提——硅钼蓝色比色法测定。

（15）交换性钙和镁：采用乙酸铵提取——原子吸收光谱法测定。

（16）阳离子交换量：采用 EDTA—乙酸铵盐交换法测定。

2. 土壤污染样品

（1）pH：采用玻璃电极法。

（2）铅、镉：采用石墨炉原子吸收分光光度法（GB/T 17141—1997）。

（3）总汞：采用冷原子吸收光谱法（GB/T 17136—1997）。

（4）总砷：采用二乙基二硫代氨基甲酸银分光光度法（GB/T 17134—1997）。

（5）总铬：采用火焰原子吸收分光光度法（GB/T 17137—1997）。

（6）铜、锌：采用火焰原子吸收分光光度法（GB/T 17138—1997）。

（7）镍：采用火焰原子吸收分光光度法（GB/T 17139—1997）。

（8）六六六、滴滴涕：采用气相色谱法（GB 14550—2003）。

二、分析测试质量控制

分析测试质量主要包括野外调查取样后样品风干、处理与实验室分析化验质量，其质量的控制是调查评价的关键。

（一）样品风干及处理

常规样品如大田样品、果园土壤样品，及时放置在干燥、通风、卫生、无污染的室内风干，风干后送化验室处理。

将风干后的样品平铺在制样板上，用木棍或塑料棍碾压，并将植物残体、石块等侵入体和新生体剔除干净。细小已断的植物须根，可采用静电吸附的方法清除。压碎的土样用2毫米孔径筛过筛，未通过的土粒重新碾压，直至全部样品通过2毫米孔径筛为止。通过2毫米孔径筛的土样可供 pH、盐分、交换性能及有效养分等项目的测定。

将通过2毫米孔径筛的土样用四分法取出一部分继续碾磨，使之全部通过0.25毫米孔径筛，供有机质、全氮、碳酸钙等项目的测定。

用于微量元素分析的土样，其处理方法同一般化学分析样品，但在采样、风干、研磨、过筛、运输、储存等诸环节都要特别注意，不要接触容易造成样品污染的铁、铜等金属器具。采样、制样推荐使用不锈钢、木、竹或塑料工具，过筛使用尼龙网筛等。通过2毫米孔径尼龙筛的样品可用于测定土壤有效态微量元素。

将风干土样反复碾碎，用2毫米孔径筛过筛。留在筛上的碎石称量后保存，同时将过筛的土壤称重，计算石砾质量百分数。将通过2毫米孔径筛的土样混匀后盛于广口瓶内，用于颗粒分析及其他物理性质测定。若风干土样中有铁锰结核、石灰结核、铁子或半风化体，不能用木棍碾碎，应首先将其细心拣出称量保存，然后再进行碾碎。

（二）实验室质量控制

1. 在测试前采取的主要措施

（1）按《规程》要求制订了周密的采样方案，尽量减少采样误差（把采样作为分析检验的一部分）。

（2）正式开始分析前，对检验人员进行了为期 2 周的培训：对监测项目、监测方法、操作要点、注意事项一一进行培训，并进行了质量考核，为监验人员掌握了解项目分析技术、提高业务水平、减少误差等奠定了基础。

（3）收样登记制度：制定了收样登记制度，将收样时间、制样时间、处理方法与时间、分析时间一一登记，并在收样时确定样品统一编码、野外编码及标签等，从而确保了样品的真实性和整个过程的完整性。

（4）测试方法确认（尤其是同一项目有几种检测方法时）：根据实验室现有条件、要求规定及分析人员掌握情况等确立最终采取的分析方法。

（5）测试环境确认：为减少系统误差，对实验室温湿度、试剂、用水、器皿等逐一检验，保证其符合测试条件。对有些相互干扰的项目分开实验室进行分析。

（6）检测用仪器设备及时进行计量检定，定期进行运行状况检查。

2. 在检测中采取的主要措施

（1）仪器使用实行登记制度，并及时对仪器设备进行检查维修和调整。

（2）严格执行项目分析标准或规程，确保测试结果准确性。

（3）坚持平行试验、必要的重显性试验，控制精密度，减少随机误差。

每个项目开始分析时每批样品均须做 100％平行样品，结果稳定后，平行次数减少50％，最少保证做 10％～15％平行样品。每个化验人员都自行编入明码样做平行测定，质控员还编入 10％密码样进行质量控制。

平行双样测定结果的误差在允许的范围之内为合格；平行双样测定全部不合格者，该批样品须重新测定；平行双样测定合格率<95％时，除对不合格的重新测定外，再增加10％～20％的平行测定率，直到总合格率达 95％。

（4）坚持带质控样进行测定

①与标准样对照：分析中，每批次带标准样品 10％～20％，在测定的精密度合格的前提下，标准样测定值在标准保证值（95的置信水平）范围的为合格，否则本批结果无效，进行重新分析测定。

②加标回收法：对灌溉水样由于无标准物质或质控样品，采用加标回收试验来测定准确度。

加标率，在每批样品中，随机抽取 10％～20％试样进行加标回收测定。

加标量，被测组分的总量不得超出方法的测定上限。加标浓度宜高，体积应小，不应超过原定试样体积的 1％。

加标回收率在 90％～110％范围内的为合格。

$$加标回收率（\%）= \frac{测得总量－样品含量}{标准加入量} \times 100$$

根据回收率大小，也可判断是否存在系统误差。

（5）注重空白试验：全程空白值是指用某一方法测定某物质时，除样品中不含该物质外，整个分析过程中引起的信号值或相应浓度值。它包含了试剂、蒸馏水中杂质带来的干扰，从待测试样的测定值中扣除，可消除上述因素带来的系统误差。如果空白值过高，则要找出原因，采取其他措施（如提纯试剂、更新试剂、更换容器等）加以消除。保证每批次样品做 2 个以上空白样，并在整个项目开始前按要求做全程序空白测定，每次做 2 个平行空白样，连测 5 天共得 10 个测定结果，计算批内标准偏差 S_{wb}。

$$S_{wb} = \left[\sum (X_i - X_{\text{平}})^2 / m(n-1) \right]^{1/2}$$

式中：n——每天测定平均样个数；

　　　m——测定天数。

（6）做好校准曲线：比色分析中标准系列保证设置 6 个以上浓度点。根据浓度和吸光值按一元线性回归方程

$$Y = a + bX$$

计算其相关系数。

式中：Y——吸光度；

　　　X——待测液浓度；

　　　a——截距；

　　　b——斜率。

要求标准曲线相关系数 r≥0.999。

校准曲线控制：①每批样品皆需做校准曲线；②标准曲线力求 r≥0.999，且有良好重现性；③大批量分析时每测 10~20 个样品要用一标准液校验，检查仪器状况；④待测液浓度超标时不能任意外推。

（7）用标准物质校核实验室的标准滴定溶液：标准物质的作用是校准。对测量过程中使用的基准纯、优级纯的试剂进行校验。校准合格才准用，确保量值准确。

（8）详细、如实记录测试过程，使检测条件可再现、检测数据可追溯。对测量过程中出现的异常情况也及时记录，及时查找原因。

（9）认真填写测试原始记录，测试记录做到：如实、准确、完整、清晰。记录的填写、更改均制定了相应制度和程序。当测试由一人读数一人记录时，记录人员复读多次所记的数字，减少误差发生。

3. 检测后主要采取的技术措施

（1）加强原始记录校核、审核，实行"三审三校"制度，对发现的问题及时研究、解决，或召开质量分析会，达成共识。

（2）运用质量控制图预防质量事故发生：对运用均值—极差控制图的判断，参照《质量专业理论与实名》中的判断准则。对控制样品进行多次重复测定，由所得结果计算出控制样的平均值 X 及标准差 S（或极差 R），就可绘制均值—标准差控制图（或均值-极差控制图），纵坐标为测定值，横坐标为获得数据的顺序。将均值 X 作成与横坐标平行的中心级 CL，$X \pm 3S$ 为上下警戒限 UCL 及 LCL，$X \pm 2S$ 为上下警戒限 UWL 及 LWL，在进行试样例行分析时，每批带入控制样，根据差异判异准则进行判断。如果在控制限之外，该批结果为全部错误结果，则必须查出原因，采取措施，加以消除，除"回控"后再重复测定，并控制不再出现，如果控制样的结果落在控制限和警戒限之间，说明精密度已不理想，应引起注意。

（3）控制检出限：检出限是指对某一特定的分析方法在给定的置信水平内，可以从样

品中检测的待测物质的最小浓度或最小量。根据空白测定的批内标准偏差（S_{wb}）按下列公式计算检出限（95％的置信水平）。

①若试样一次测定值与零浓度试样一次测定值有显著性差异时，检出限（L）按下列公式计算：

$$L = 2 \times 2^{1/2} t_f S_{wb}$$

式中：L——方法检出限；

      t_f——显著水平为 0.05（单侧）、自由度为 f 的 t 值；

      S_{wb}——批内空白值标准偏差；

      f——批内自由度，$f=m$（$n-1$），m 为重复测定次数，n 为平行测定次数。

②原子吸收分析方法中检出限计算：$L=3\,S_{wb}$。

③分光光度法以扣除空白值后的吸光值为 0.010 相对应的浓度值为检出限。

（4）及时对异常情况处理

①异常值的取舍：对检测数据中的异常值，按 GB 4883 标准规定采用 Grubbs 法或 Dixon 法加以判断处理。

②因外界干扰（如停电、停水），检测人员应终止检测，待排除干扰后重新检测，并记录干扰情况。当仪器出现故障时，故障排除后校准合格的，方可重新检测。

（5）使用计算机采集、处理、运算、记录、报告、存储检测数据时，应制定相应的控制程序。

（6）检验报告的编制、审核、签发：检验报告是实验工作的最终结果，是试验室的产品。因此，对检验报告质量要高度重视。检验报告应做到完整、准确、清晰、结论正确。必须坚持三级审核制度，明确制表、审核、签发的职责。

除此之外，为保证分析化验质量，提高实验室之间分析结果的可比性，山西省土壤肥料工作站抽查 5％～10％样品在省测试中心进行复核，并编制密码样，对实验室进行质量监督和控制。

4. 技术交流　在分析过程中，发现问题及时交流，改进方法，不断提高技术水平。

5. 数据录入　分析数据按《规程》和"方案"要求审核后编码整理，和采样点一一对照，确认无误后进行录入。采取双人录入相互对照的方法，保证录入正确率。

第五节　评价依据、方法及评价标准体系的建立

一、评价原则依据

（一）耕地地力评价

经专家评议，平遥县确定了五大因素 10 个因了为耕地地力评价指标。

1. 立地条件　指耕地土壤的自然环境条件，它包含与耕地与质量直接相关的地貌类型及地形部位、成土母质、地面坡度等。

（1）地貌类型及其特征描述：平遥县由平原到山地垂直分布的主要地形地貌有河流及河谷冲积平原（河漫滩、一级阶地、二级阶地），山前倾斜平原（洪积扇上、中、下等），

丘陵（梁地、坡地等）和山地（石质山、土石山等）。

（2）成土母质及其主要分布：在平遥县耕地上分布的母质类型有洪积物、河流冲积物、残积物、离石黄土、黄土状冲积物（丘陵及山前倾斜平原区）。

（3）地面坡度：地面坡度反映水土流失程度，直接影响耕地地力，平遥县将地面坡度小于 25°的耕地依坡度大小分成 6 级（<2.0°、2.1°～5.0°、5.1°～8.0°、8.1°～15.0°、15.1°～25.0°、≥25.0°）进入地力评价系统。

2. 土壤属性

（1）土体构型：指土壤剖面中不同土层间质地构造变化情况，直接反映土壤发育及障碍层次，影响根系发育、水肥保持及有效供给，包括有效土层厚度、耕作层厚度、质地构型 3 个因素。

①有效土层厚度。指土壤层和松散的母质层之和，按其厚度深浅从高到低依次分为 6 级（>150 厘米、101～150 厘米、76～100 厘米、51～75 厘米、26～50 厘米、≤25 厘米）进入地力评价系统。

②耕层厚度。按其厚度深浅从高到低依次分为 6 级（>30 厘米、26～30 厘米、21～25 厘米、16～20 厘米、11～15 厘米、≤10 厘米）进入地力评价系统。

③质地构型。平遥县耕地质地构型主要分为通体型（包括通体壤、通体黏、通体沙）、夹沙（包括壤夹沙、黏夹沙）、底沙、夹黏（包括壤夹黏、沙夹黏）、深黏、夹砾、底砾等。

（2）耕层土壤理化性状：分为较稳定的理化性状（容重、质地、有机质、盐渍化程度、pH）和易变化的化学性状（有效磷、速效钾）两大部分。

①容重：影响作物根系发育及水肥供给，进而影响产量。从高到低依次分为 6 级（≤1.00 克/立方厘米、1.01～1.14 克/立方厘米、1.15～1.26 克/立方厘米、1.27～1.30 克/立方厘米、1.31～1.4 克/立方厘米、>1.40 克/立方厘米）进入地力评价系统。

②质地。影响水肥保持及耕作性能。按卡庆斯基制的 6 级划分体系来描述，分别为沙土、沙壤、轻壤、中壤、重壤、黏土。

③有机质。土壤肥力的重要指标，直接影响耕地地力水平。按其含量从高到低依次分为 6 级（>25.00 克/千克、20.01～25.00 克/千克、15.01～20.00 克/千克、10.01～15.00 克/千克、5.01～10.00 克/千克、≤5.00 克/千克）进入地力评价系统。

④盐渍化程度。直接影响作物出苗及能否正常生长发育，以全盐量的高低来衡量（具体指标因盐碱类型而不同），分为无、轻度、中度、重度 4 种情况。

⑤pH。过大或过小，作物生长发育受抑。按照平遥县耕地土壤的 pH 范围，按其测定值由低到高依次分为 6 级（6.0～7.0、7.0～7.9、7.9～8.5、8.5～9.0、9.0～9.5、≥9.5）进入地力评价系统。

⑥有效磷。按其含量从高到低依次分为 6 级（>25.00 毫克/千克、20.1～25.00 毫克/千克、15.1～20.00 毫克/千克、10.1～15.00 毫克/千克、5.1～10.00 毫克/千克、≤5.00毫克/千克）进入地力评价系统。

⑦速效钾。按其含量从高到低依次分为 6 级（>200 毫克/千克、151～200 毫克/千克、101～150 毫克/千克、81～100 毫克/千克、51～80 毫克/千克、≤50 毫克/千克）进

入地力评价系统。

3. 农田基础设施条件

（1）灌溉保证率：指降水不足时的有效补充程度，是提高作物产量的有效途径，分为充分满足，可随时灌溉；基本满足，在关键时期可保证灌溉；一般满足，大旱之年不能保证灌溉；无灌溉条件等4种情况。

（2）梯（园）田化水平：按园田化和梯田类型及其熟化程度分为地面平坦、园田化水平高，地面基本平坦、园田化水平较高，高水平梯田，缓坡梯田、熟化程度5年以上，新修梯田，坡耕地6种类型。

（二）大田土壤环境质量评价

此次大田环境质量评价涉及土壤和灌溉水两个环境要素。

参评因子共有8个，分别为土壤pH、镉、汞、砷、铜、铅、铬、锌。评价标准采用土壤环境质量国家标准（GB 15618—1995）中的二级标准，评价结果遵循"单因子最大污染"的原则，通过对单因子污染指数和多因子综合污染指数进行综合评判，将污染程度分为清洁（n）、轻度污染（l）、中度污染（m）、重度污染（h）4个等级。

二、评价方法及流程

耕地地力评价

1. 技术方法

（1）文字评述法：对一些概念性的评价因子（如地形部位、土壤母质、质地构型、质地、梯田化水平、盐渍化程度等）进行定性描述。

（2）专家经验法（德尔菲法）：在全省农科教系统邀请土肥界具有一定学术水平和农业生产实践经验的23名专家，参与评价因素的筛选和隶属度确定（包括概念型和数值型评价因子的评分），见表2-1。

表2-1　各评价因子专家打分意见表

因　子	平均值	众数值	建议值
立地条件（C_1）	1.6	1（17）	1
土体构型（C_2）	3.7	3（12）5（10）	3
较稳定的理化性状（C_3）	4.47	3（13）5（10）	4
易变化的化学性状（C_4）	4.2	5（13）3（10）	5
农田基础建设（C_5）	1.47	1（17）	1
地形部位（A_1）	1.8	1（23）	1
成土母质（A_2）	3.9	3（9）5（12）	5
地面坡度（A_3）	3.1	3（14）5（7）	3
耕层厚度（A_4）	2.7	3（12）1（6）	3

（续）

因　子	平均值	众数值	建议值
耕层质地（A₅）	2.9	1（11）5（9）	1
有机质（A₆）	2.7	1（11）3（9）	3
盐渍化程度（A₇）	3.0	1（13）3（10）	1
有效磷（A₈）	1.0	1（23）	1
速效钾（A₉）	2.7	3（13）1（7）	3
灌溉保证率（A₁₀）	1.2	1（23）	1

（3）模糊综合评判法：应用这种数理统计的方法对数值型评价因子（如地面坡度、有效土层厚度、耕层厚度、土壤容重、有机质、有效磷、速效钾、酸碱度、灌溉保证率等）进行定量描述，即利用专家给出的评分（隶属度）建立某一评价因子的隶属函数，如表2-2。

表2-2　平遥县耕地地力评价数字型因子分级及其隶属度

评价因子	量纲	1级	2级	3级	4级	5级	6级
		量值	量值	量值	量值	量值	量值
地面坡度	°	<2.0	2.0～5.0	5.1～8.0	8.1～15.0	15.1～25.0	≤25
有效土层厚度	厘米	>150	101～150	76～100	51～75	26～50	≤25
耕层厚度	厘米	>30	26～30	21～25	16～20	11～15	≤10
有机质	克/千克	>25.0	20.01～25.00	15.01～20.00	10.01～15.00	5.01～10.00	≤5.00
有效磷	毫克/千克	>25.0	20.1～25.0	15.1～20.0	10.1～15.0	5.1～10.0	≤5.0
速效钾	毫克/千克	>200	151～200	101～150	81～100	51～80	≤50
灌溉保证率		充分满足	基本满足	基本满足	一般满足	无灌溉条件	

（4）层次分析法：用于计算各参评因子的组合权重。本次评价，把耕地生产性能（即耕地地力）作为目标层（G层），把影响耕地生产性能的立地条件、土体构型、较稳定的理化性状、易变化的化学性状、农田基础设施条件作为准则层（C层），再把影响准则层中的各因素的项目作为指标层（A层），建立耕地地力评价层次结构图。在此基础上，由23名专家分别对不同层次内各参评因素的重要性作出判断，构造出不同层次间的判断矩阵。最后计算出各评价因子的组合权重。

（5）指数和法：采用加权法计算耕地地力综合指数，即将各评价因子的组合权重与相应的因素等级分值（即由专家经验法或模糊综合评判求得的隶属度）相乘后累加，如：

$$IFI = \sum B_i \times A_i (i = 1, 2, 3, \cdots, 15)$$

式中：IFI——耕地地力综合指数；

　　　B_i——第i个评价因子的等级分值；

　　　A_i——第i个评价因子的组合权重。

2. 技术流程

（1）应用叠加法确定评价单元：把基本农田保护区规划图与土地利用现状图、土壤图叠加形成的图斑作为评价单元。

（2）空间数据与属性数据的连接：用评价单元图分别与各个专题图叠加，为每一评价单元获取相应的属性数据。根据调查结果，提取属性数据进行补充。

（3）确定评价指标：根据全国耕地地力调查评价指数表，由山西省土壤肥料工作站组织 23 名专家，采用德尔菲法和模糊综合评判法确定平遥县耕地地力评价因子及其隶属度。

（4）应用层次分析法确定各评价因子的组合权重。

（5）数据标准化：计算各评价因子的隶属函数，对各评价因子的隶属度数值进行标准化。

（6）应用累加法计算每个评价单元的耕地地力综合指数。

（7）划分地力等级：分析综合地力指数分布，确定耕地地力综合指数的分级方案，划分地力等级。

（8）归入农业部地力等级体系：选择 10％的评价单元，调查近 3 年粮食单产（或用基础地理信息系统中已有资料），与以粮食作物产量为引导确定的耕地基础地力等级进行相关分析，找出两者之间的对应关系，将评价的地力等级归入农业部确定的等级体系（NY/T 309—1996　全国耕地类型区、耕地地力等级划分）。

（9）采用 GIS、GPS 系统编绘各种养分图和地力等级图等图件。

三、评价标准体系建立

耕地地力评价标准体系建立

1. 耕地地力要素的层次结构　见图 2 - 2。

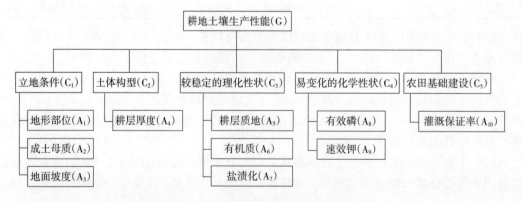

图 2-2　耕地地力要素层次结构图

2. 耕地地力要素的隶属度

（1）概念性评价因子：各评价因子的隶属度及其描述见表 2 - 3。

（2）数值型评价因子：各评价因子的隶属函数（经验公式）见表 2 - 4。

3. 耕地地力要素的组合权重 应用层次分析法所计算的各评价因子的组合权重见表2-5。

4. 耕地地力分级标准 平遥县耕地地力分级标准见表2-6。

表2-3 平遥县耕地地力评价概念性因子隶属度及其描述

地形部位	描述	河漫滩	一级阶地	二级阶地	高阶地	垣地	洪积扇（上、中、下）			倾斜平原	梁地	峁地	坡麓	沟谷
	隶属度	0.7	1.0	0.9	0.7	0.4	0.4	0.6	0.8	0.8	0.2	0.2	0.1	0.6

母质类型	描述	洪积物		河流冲积物		黄土状况积物		残积物		保德红土		马兰黄土		离石黄土
	隶属度	0.7		0.9		1.0		0.2		0.3		0.5		0.6

质地构型	描述	通体壤	黏夹沙	底沙	壤夹黏	壤夹沙	沙夹黏	通体黏	夹砾	底砾	少砾	多砾	少姜	浅姜	多姜	通体沙	浅钙积	夹白干	底白干
	隶属度	1.0	0.6	0.7	1.0	0.9	0.3	0.6	0.4	0.7	0.8	0.2	0.8	0.4	0.2	0.3	0.4	0.4	0.7

耕层质地	描述	沙土		沙壤		轻壤		中壤		重壤		黏土	
	隶属度	0.2		0.6		0.8		1.0		0.8		0.4	

梯(园)田化水平	描述	地面平坦园田化水平高		地面基本平坦园田化水平较高		高水平梯田		缓坡梯田熟化程度5年以上		新修梯田		坡耕地	
	隶属度	1.0		0.8		0.6		0.4		0.2		0.1	

盐渍化程度	描述		无	轻	中	重
	描述	全盐量	苏打为主，<0.1% 氯化物为主，<0.2% 硫酸盐为主，<0.3%	0.1%～0.3% 0.2%～0.4% 0.3%～0.5%	0.3%～0.5% 0.4%～0.6% 0.5%～0.7%	≥0.5% ≥0.6% ≥0.7%
	隶属度		1.0	0.7	0.4	0.1

灌溉保证率	描述	充分满足	基本满足	一般满足	无灌溉条件
	隶属度	1.0	0.7	0.4	0.1

表2-4 平遥县耕地地力评价数值型因子隶属函数

函数类型	评价因子	经验公式	C	U_t
戒下型	地面坡度（°）	$y=1/\left[1+6.492\times10^{-3}\times(u-c)^2\right]$	3.0	≥25
戒上型	有效土层厚度（厘米）	$y=1/\left[1+1.118\times10^{-4}\times(u-c)^2\right]$	160.0	≤25
戒上型	耕层厚度（厘米）	$y=1/\left[1+4.057\times10^{-3}\times(u-c)^2\right]$	33.8	≤10
戒下型	土壤容重（克/立方厘米）	$y=1/\left[1+3.99^4\times(u-c)^2\right]$	1.08	≥1.42
戒上型	有机质（克/千克）	$y=1/\left[1+2.912\times10^{-3}\times(u-c)^2\right]$	28.4	≤5.00
戒下型	pH	$y=1/\left[1+0.5156\times(u-c)^2\right]$	7.00	≥9.50
戒上型	有效磷（毫克/千克）	$y=1/\left[1+3.035\times10^{-3}\times(u-c)^2\right]$	28.8	≤5.00
戒上型	速效钾（毫克/千克）	$y=1/\left[1+5.389\times10^{-5}\times(u-c)^2\right]$	228.76	≤50

表 2－5 平遥县耕地地力评价因子层次分析结果

指标层	准则层					组合权重
	C_1	C_2	C_3	C_4	C_5	$\sum C_i A_i$
	0.422 3	0.040 3	0.144 2	0.133 6	0.259 6	1.000 0
A_1 地形部位	0.550 6					0.232 6
A_2 成土母质	0.197 3					0.083 3
A_3 地面坡度	0.252 1					0.106 4
A_4 耕层厚度		1.000 0				0.040 3
A_5 耕层质地			0.325 8			0.047 0
A_6 有机质			0.348 4			0.050 2
A_7 盐渍化程度			0.325 8			0.047 0
A_8 有效磷				0.623 9		0.083 3
A_9 速效钾				0.376 1		0.050 2
A_{10} 灌溉保证率					1.000 0	0.259 7

表 2－6 平遥县耕地地力等级标准

等　级	生产能力综合指数	面积（亩）	占面积（％）
一	≥0.855	51 065.18	6.68
二	0.84～0.855	125 820.08	16.45
三	0.825～0.84	153 287.91	20.04
四	0.82～0.825	123 727.26	16.17
五	0.80～0.815	108 775.32	14.22
六	0.60～0.80	53 116.35	6.94
七	0.42～0.60	100 607.11	13.15
八	0.11～0.42	48 596.30	6.35

第六节　耕地资源管理信息系统建立

一、耕地资源管理信息系统的总体设计

耕地资源信息系统以一个县行政区域内耕地资源为管理对象，应用 GIS 技术对辖区

内的地形、地貌、土壤、土地利用、农田水利、土壤污染、农业生产基本情况、基本农田保护区等资料进行统一管理,构建耕地资源基础信息系统,并将此数据平台与各类管理模型结合,对辖区内的耕地资源进行系统的动态管理,为农业决策者、农民和农业技术人员提供耕地质量动态变化、土壤适宜性、施肥咨询、作物营养诊断等多方位的信息服务。

本系统行政单元为村,农田单元为基本农田保护块,土壤单元为土种,系统基本管理单元为土壤、基本农田保护块、土地利用现状叠加所形成的评价单元。

1. 系统结构　耕地资源管理信息系统结构见图 2-3。

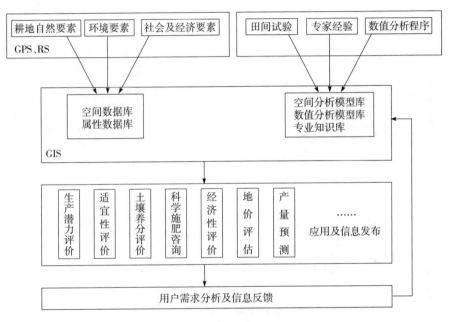

图 2-3　耕地资源管理信息系统结构

2. 县域耕地资源管理信息系统建立工作流程（图 2-4）。

3. CLRMIS、硬件配置

（1）硬件:P5 及其兼容机,≥1G 的内存,≥20G 的硬盘,A4 扫描仪,彩色喷墨打印机。

（2）软件:Windows 2000/XP,Excel 2000/XP 等。

二、资料收集与整理

（一）图件资料收集与整理

图件资料指印刷的各类地图、专题图以及商品数字化矢量和栅格图。图件比例尺为1:50 000 和 1:10 000。

（1）地形图:统一采用中国人民解放军总参谋部测绘局测绘的地形图。由于近年来公路、水系、地形地貌等变化较大,因此采用水利、公路、规划、国土等部门的有关最新图

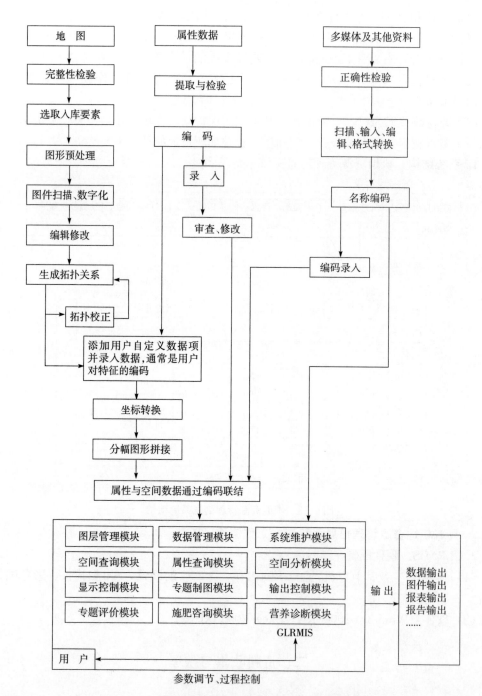

图 2-4 县域耕地资源管理信息系统建立工作流程

件资料对地形图进行修正。

（2）行政区划图：由于近年撤乡并镇等工作致使部分地区行政区划变化较大，因此按最新行政区划进行修正，同时注意名称、拼音、编码等的一致。

（3）土壤图及土壤养分图：采用第二次土壤普查成果图。

（4）地貌类型分区图：根据地貌类型将辖区内农田分区，采用第二次土壤普查分类系统绘制成图。

（5）土地利用现状图：采用现有的土地利用现状图。

（6）土壤肥力监测点点位图：在地形图上标明准确位置及编号。

（7）土壤普查土壤采样点点位图：在地形图上标明准确位置及编号。

（二）数据资料收集与整理

（1）基本农田保护区一级、二级地块登记表，国土局基本农田划定资料。

（2）其他有关基本农田保护区划定统计资料，国土局基本农田划定资料。

（3）近几年粮食单产、总产、种植面积统计资料（以村为单位）。

（4）其他农村及农业生产基本情况资料。

（5）历年土壤肥力监测点田间记载及化验结果资料。

（6）历年肥情点资料。

（7）县、乡、村名编码表。

（8）近几年土壤、植株化验资料（土壤普查、肥力普查等）。

（9）近几年主要粮食作物、主要品种产量构成资料。

（10）各乡历年化肥销售、使用情况。

（11）土壤志、土种志。

（12）特色农产品分布、数量资料。

（13）当地农作物品种及特性资料，包括各个品种的全生育期、大田生产潜力、最佳播期、移栽期、播种量、栽插密度、百千克籽粒需氮量、需磷量、需钾量等，及品种特性介绍。

（14）一元、二元、三元肥料肥效试验资料，计算不同地区、不同土壤、不同作物品种的肥料效应函数。

（15）不同土壤、不同作物基础地力产量占常规产量比例资料。

（三）文本资料收集与整理

（1）全县及各乡（镇）基本情况描述。

（2）各土种性状描述，包括其发生、发育、分布、生产性能、障碍因素等。

（四）多媒体资料收集与整理

（1）土壤典型剖面照片。

（2）土壤肥力监测点景观照片。

（3）当地典型景观照片。

（4）特色农产品介绍（文字、图片）。

（5）地方介绍资料（图片、录像、文字、音乐）。

三、属性数据库建立

（一）属性数据内容

CLRMIS 主要属性资料及其来源见表 2-7。

表 2-7　CLRMIS 主要属性资料及其来源

编号	名　称	来　源
1	湖泊、面状河流属性表	水利局
2	堤坝、渠道、线状河流属性数据	水利局
3	交通道路属性数据	交通局
4	行政界线属性数据	农业委员会
5	耕地及蔬菜地灌溉水、回水分析结果数据	农业委员会
6	土地利用现状属性数据	国土局、卫星图片解译
7	土壤、植株样品分析化验结果数据表	本次调查资料
8	土壤名称编码表	土壤普查资料
9	土种属性数据表	土壤普查资料
10	基本农田保护块属性数据表	国土局
11	基本农田保护区基本情况数据表	国土局
12	地貌、气候属性表	土壤普查资料
13	县乡村名编码表	农业委员会

（二）属性数据分类与编码

数据的分类编码是对数据资料进行有效管理的重要依据。编码的主要目的是节省计算机内存空间，便于用户理解使用。地理属性进入数据库之前进行编码是必要的，只有进行了正确的编码，空间数据库与属性数据库才能实现正确连接。编码格式有英文字母与数学组合。本系统主要采用数字表示的层次型分类编码体系，它能反映专题要素分类体系的基本特征。

（三）建立编码字典

数据字典是数据库应用设计的重要内容，是描述数据库中各类数据及其组合的数据集合，也称元数据。地理数据库的数据字典主要用于描述属性数据，它本身是一个特殊用途的文件，在数据库整个生命周期里都起着重要的作用。它避免重复数据项的出现，并提供了查询数据的唯一入口。

（四）数据库结构设计

属性数据库的建立与录入可独立于空间数据库和 GIS 系统，可以在 Access、dBase、Foxbase 和 Foxpro 下建立，最终统一以 dBase 的 dbf 格式保存入库。下面以 dBase 的 dbf 数据库为例进行描述。

1. 湖泊、面状河流属性数据库 lake. dbf

字段名	属　性	数据类型	宽　度	小数位	量　纲
lacode	水系代码	N	4	0	代　码
laname	水系名称	C	20		
lacontent	湖泊贮水量	N	8	0	万立方米
laflux	河流流量	N	6		立方米/秒

2. 堤坝、渠道、线状河流属性数据 stream. dbf

字段名	属　性	数据类型	宽　度	小数位	量　纲
ricode	水系代码	N	4	0	代　码
riname	水系名称	C	20		
riflux	河流、渠道流量	N	6		立方米/秒

3. 交通道路属性数据库 traffic. dbf

字段名	属　性	数据类型	宽　度	小数位	量　纲
rocode	道路编码	N	4	0	代　码
roname	道路名称	C	20		
rograde	道路等级	C	1		
rotype	道路类型	C	1		（黑色/水泥/石子/土）

4. 行政界线（省、市、县、乡、村）属性数据库 boundary. dbf

字段名	属　性	数据类型	宽　度	小数位	量　纲
adcode	界线编码	N	1	0	代　码
adname	界线名称	C	4		

adcode	name
1	国　界
2	省　界
3	市　界
4	县　界
5	乡　界
6	村　界

5. 土地利用现状* 属性数据库 landuse. dbf

字段名	属　性	数据类型	宽　度	小数位	量　纲
lucode	利用方式编码	N	2	0	代　码
luname	利用方式名称	C	10		

* 土地利用现状分类表。

6. 土种属性数据表 soil. dbf

字段名	属　性	数据类型	宽　度	小数位	量　纲
sgcode	土种代码	N	4	0	代　码
ssname	亚类名称	C	20		
stname	土类名称	C	10		
skname	土属名称	C	20		
sgname	土种名称	C	20		
pamaterial	成土母质	C	50		
profile	剖面构型	C	50		

土种典型剖面有关属性数据：

字段名	属 性	数据类型	宽 度	小数位	量 纲
text	剖面照片文件名	C	40		
picture	图片文件名	C	50		
html	HTML 文件名	C	50		
video	录像文件名	C	40		

* 土地系统分类表。

7. 土壤养分（pH、有机质、氮等）**属性数据库 nutr＊＊＊＊. dbf**

本部分由一系列的数据库组成，视实际情况不同有所差异，如在盐碱土地区还包括盐分含量及离子组成等。

（1）pH 库 nutrpH. dbf：

字段名	属 性	数据类型	宽 度	小数位	量 纲
code	分级编码	N	4	0	代 码
number	pH	N	4	1	

（2）有机质库 nutrom. dbf：

字段名	属 性	数据类型	宽 度	小数位	量 纲
code	分级编码	N	4	0	代 码
number	有机质含量	N	5	2	百分含量

（3）全氮量库 nutrN. dbf：

字段名	属 性	数据类型	宽 度	小数位	量 纲
code	分级编码	N	4	0	代 码
number	全氮含量	N	5	3	百分含量

（4）速效养分库 nutrP. dbf：

字段名	属 性	数据类型	宽 度	小数位	量 纲
code	分级编码	N	4	0	代 码
number	速效养分含量	N	5	3	毫克/千克

8. 基本农田保护块属性数据库 farmland. dbf

字段名	属 性	数据类型	宽 度	小数位	量 纲
plcode	保护块编码	N	7	0	代 码
plarea	保护块面积	N	4	0	亩
cuarea	其中耕地面积	N	6		
eastto	东 至	C	20		
westto	西 至	C	20		
sorthto	南 至	C	20		
northto	北 至	C	20		
plperson	保护责任人	C	6		
plgrad	保护级别	N	1		

9. 地貌*、**气候属性 landform. dbf**

字段名	属　性	数据类型	宽　度	小数位	量　纲
landcode	地貌类型编码	N	2	0	代　码
landname	地貌类型名称	C	10		
rain	降水量	C	6		

＊地貌类型编码表。

10. 基本农田保护区基本情况数据表（略）

11. 县、乡、村名编码表

字段名	属　性	数据类型	宽　度	小数位	量　纲
vicodec	单位编码—县内	N	5	0	代　码
vicoden	单位编码—统一	N	11		
viname	单位名称	C	20		
vinamee	名称拼音	C	30		

（五）数据录入与审核

数据录入前仔细审核，数值型资料注意量纲、上下限，地名应注意汉字多音字、繁简体、简全称等问题，审核定稿后再录入。录入后仔细检查，保证数据录入无误后，将数据库转为规定的格式（dBase 的 dbf 文件格式文件），再根据数据字典中的文件名编码命名后保存在规定的子目录下。

文字资料以 TXT 格式命名保存，声音、音乐以 WAV 或 MID 文件保存，超文本以 HTML 格式保存，图片以 BMP 或 JPG 格式保存，视频以 AVI 或 MPG 格式保存，动画以 GIF 格式保存。这些文件分别保存在相应的子目录下，其相对路径和文件名录入相应的属性数据库中。

四、空间数据库建立

（一）数据采集的工艺流程

具体数据采集的工艺流程见图 2-5。

在耕地资源数据库建设中，数据采集的精度直接关系到现状数据库本身的精度和今后的应用，数据采集的工艺流程是关系到耕地资源信息管理系统数据库质量的重要基础工作。因此对数据的采集制定了一个详尽的工艺流程。首先，对收集的资料进行分类检查、整理与预处理；其次，按照图件资料介质的类型进行扫描，并对扫描图件进行扫描校正；再次，进行数据的分层矢量化采集、矢量化数据的检查；最后，对矢量化数据进行坐标投影转换与数据拼接工作以及数据、图形的综合检查和数据的分层与格式转换。

（二）图件数字化

1. 图件的扫描　由于所收集的图件资料为纸介质的图件资料，所以采用灰度法进行扫描。扫描的精度为 300dpi。扫描完成后将文件保存为 ＊.TIF 格式。在扫描过程中，为了能够保证扫描图件的清晰度和精度，对图件先进行预扫描。在预扫描过程中，检查扫描图件的清晰度，其清晰度必须能够区分图内的各要素，然后利用 contex.fss8300 扫描仪自带的 CADimage/scan 扫描软件进行角度校正，角度校正后必须保证图幅下方两个内图廓

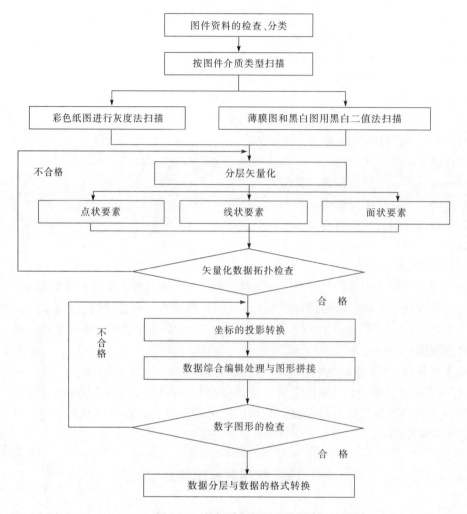

图2-5 数据采集的工艺流程

点的连线与水平线的角度误差小于0.2°。

2. 数据采集与分层矢量化 对图形的数字化采用交互式矢量化方法，确保图形矢量化的精度，在耕地资源信息系统数据库建设中需要采集的要素有：点状要素、线状要素和面状要素。由于所采集的数据种类较多，所以必须对所采集的数据按不同类型进行分层采集。

（1）点状要素的采集：可以分为两种类型，一种是零星地类；另一种是注记点。零星地类包括一些有点位的点状零星地类和无点位的零星地类。对于有点位的零星地类，在数据的分层矢量化采集时，将点标记置于点状要素的几何中心点，对于无点位的零星地类在分层矢量化采集时，将点标记置于原始图件的定位点。采样点位注记点的采集按照原始图件资料中的注记点，在矢量化过程中逐一标注相应的位置。

（2）线状要素的采集：在耕地资源图件资料上的线状要素主要有水系、道路、带有宽度的线状地物界、地类界、行政界线、权属界线、土种界、等高线等，对于不同类型的线状要素，进行分层采集。线状地物主要是指道路、水系、沟渠等，线状地物数据采集时考虑到有些线状地物，由于其宽度较宽，如一些较大的河流、沟渠，它们在地图上可以按照图件资料的宽度比例表示为一定的宽度，则按其实际宽度的比例在图上表示；有些线状地物，如一些道路和水系，由于其宽度不能在图上表示，在采集其数据时，则按栅格图上的线状地物的中轴线来确定其在图上的实际位置。对地类界、行政界、土种界和等高线数据的采集，保证其封闭性和连续性。线状要素按照其种类不同分层采集、分层保存，以备数据分析时进行利用。

（3）面状要素的采集：面状要素要在线状要素采集后，通过建立拓扑关系形成区后进行，由于面状要素是由行政界线、权属界线、地类界线和一些带有宽度的线状地物界等面状要素所形成的一系列的闭合性区域，其主要包括行政区、权属区、土壤类型区等图斑。所以，对于不同的面状要素，因采用不同的图层对其进行数据的采集。考虑到实际情况，将面状要素分为行政区层、地类层、土壤层等图斑层。将分层采集的数据分层保存。

（三）矢量化数据的拓扑检查

由于在矢量化过程中不可避免地存在一些问题，因此，在完成图形数据分层矢量化，要进行下一步工作时，必须对分层矢量化以后的数据进行矢量化数据的拓扑检查。主要是完成以下几方面的工作：

1. 消除在矢量化过程中存在的一些悬挂线段 在线状要素的采集过程中，为了保证线段完成闭合，某些线段可能出现互相交叉的情况，这些均属于悬挂线段。在进行悬挂线段的检查时，首先使用 MapGIS 的线文件拓扑检查功能，自动对其检查和清除。如果其不能自动清除的，则对照原始图件资料进行手工修正。对线状要素进行矢量化数据检查完成以后，随即由作图员对所矢量化的数据与原始图件资料相对比进行检查。如果在对检查过程中发现有一些通过拓扑检查所不能解决的问题，矢量化数据精度不符合精度要求的，或者是某些线状要素存在一定位移而难以校正的，则对其中的线状要素进行重新矢量化。

2. 检查图斑和行政区等面状要素的闭合性 图斑和行政区是反映一个地区耕地资源状况的重要属性。在对图件资料中的面状要素进行数据的分层矢量化采集中，由于图件资料中所涉及的图斑较多，在数据的矢量化采集过程中，有可能存在一些图斑或行政界的不闭合情况，可以利用 MapGIS 的区文件拓扑检查功能，对在面状要素分层矢量化采集过程中所保存的一系列区文件进行适量化数据的拓扑检查。在拓扑检查过程中可以消除大多数区文件的不闭合情况。对于不能自动消除的，通过与原始图件资料的相互检查，消除其不闭合情况。如果通过矢量化以后的区文件的拓扑检查，可以消除在矢量化过程中所出现的上述问题，则进行下一步工作，如果在拓扑检查以后还存在一些问题，则对其进行重新矢量化，以确保系统建设的精度。

（四）坐标的投影转换与图件拼接

1. 坐标转换 在进行图件的分层矢量化采集过程中，所建立的图面坐标系（单位为毫米），而在实际应用中，则要求建立平面直角坐标系（单位为米）。因此，必须利用 MapGIS 所提供的坐标转换功能，将图面坐标转换成为正投影的大地直角坐标系。在坐标转换过程中，为了能够保证数据的精度，可根据提供数据源的图件精度的不同，在坐标转换过程中，采用不同的质量控制方法进行坐标转换工作。

2. 投影转换 县级土地利用现状数据库的数据投影方法采用高斯投影，也就是将进行坐标转换以后的图形资料，按照大地坐标系的经纬度坐标进行转换，以便以后进行图件拼接。在进行投影转换时，对 1∶10 000 土地利用图件资料，投影的分带宽度为 3°。但是根据地形的复杂程度，行政区的跨度和图幅的具体情况，对于部分图形采用非标准的 3°分带高斯投影。

3. 图件拼接　平遥县提供的 1∶10 000 土地利用现状图是采用标准分幅图，在系统建设过程中应把图幅进行拼接，在图斑拼接检查过程中，相邻图幅间的同名要素误差应小于1 毫米，这时移动其任何一个要素进行拼接，同名要素间距为 1～3 毫米的处理方法是将两个要素各自移动一半，在中间部分结合，这样图幅接拼完全满足了精度要求。

五、空间数据库与属性数据库的连接

MapGIS 系统采用不同的数据模型分别对属性数据和空间数据进行存储管理，属性数据采用关系模型，空间数据采用网状模型。两种数据的连接非常重要。在一个图幅工作单元 Coverage 中，每个图形单元由一个标识码来唯一确定。同时一个 Coverage 中可以若干个关系数据库文件即要素属性表，用以完成对 Coverage 的地理要素的属性描述。图形单元标识码是要素属性表中的一个关键字段，空间数据与属性数据以此字段形成关联，完成对地图的模拟。这种关联是 MapGIS 的两种模型连成一体，可以方便地从空间数据检索属性数据或者从属性数据检索空间数据。

对属性与空间数据的连接采用的方法是：在图件矢量化过程中，标记多边形标识点，建立多边形编码表，并运 MapGIS 将用 Foxpro 建立的属性数据库自动连接到图形单元中，这种方法可由多人同时进行工作，速度较快。

第三章　耕地土壤属性

平遥县位于山西省中部，属黄土高原的一部分。地形特征是东南高，西北低，最高处孟山顶海拔1 962米，最低处的汾河谷地海拔736米，相对高差1 226米。各土类分布受地形、地貌、水文、地质条件影响，根据全国第二次土壤普查及1983年山西省土壤分类系统，根据地形、地貌、土壤分布等差异，把全县划分为土石山区、黄土丘陵区、平川井灌区、汾河灌区；土壤分为三大土类、8个亚类、34个土属、106个土种。

1. 褐土土类　为平遥县主要地带性土壤，主要分布于全县二级阶地和丘陵山区的广大地区，其主要特性：表土呈褐色至棕黄色；剖面中、下部有黏粒和钙的积聚；呈中性（表层）至微碱性（心底土层）反应。土壤剖面构型为有机质积聚层—黏化层—钙积层—母质层。本县褐土多发育于碳酸盐母质上，具有明显的黏化作用和钙化作用。呈中性至碱性反应，不过由于本县高温高湿季节不长黏化层不够明显。褐土土类下分褐土分为淋溶褐土、褐土性土、石灰性褐土3个土属，19个土种。

（1）淋溶褐土：位于山麓洪积扇上缘的地势缓平处，地面径流量大，淋溶作用强烈，致使1～1.5米土体内碳酸钙被淋失，无石灰反应，在平遥县只有沙泥质淋土1个土种，分布在本县孟山乡、东泉镇2个乡（镇），海拔1 750米以上，面积12.299万亩，占总面积的6.5％。该土属植被覆盖率高，土体湿润、肥沃，但由于海拔高、气候凉、坡度陡，不宜农用。应保护好现有森林，加大营造人工林，严禁乱砍滥伐。

（2）褐土性土：位于山丘中上部，土体被侵蚀，土层浅薄，发育不完全，属于褐土的初级发育阶段，在平遥县有薄沙泥质立黄土、沙泥质立黄土、耕砾沙泥质立黄土、耕沙泥质立黄土、薄砾灰泥质立黄土、灰泥质立黄土、薄立黄土、立黄土、耕立黄土、二合红立黄土、沟淤土、耕洪立黄土、耕黑立黄土13个土种，分布在全县孟山乡、东泉镇、卜宜乡、段村镇、朱坑乡、岳壁乡、襄垣乡等乡（镇）的部分地区，海拔为800～1 750米。该土属土壤剖面分异不明显，全剖面具有石灰反应，pH在7.5以上，母质特征明显。

（3）石灰性褐土：因发育程度不同，表土层及心土层都有石灰反应，在平遥县有深黏黄垆土、二合黄垆土、浅黏黄垆土、深黏垣黄垆土、洪黄垆土5个土种，分布在全县古陶镇、中都乡、南政乡、洪善镇、卜宜乡、襄垣乡、朱坑乡、岳壁乡等乡（镇）部分地区的二级阶地上，海拔为745～800米。该土属土壤熟化程度高，既无盐渍化威胁，又有灌之便利，产量水平较高。

2. 潮土土类　主要分布在平川一级阶地、河流两岸区河漫滩和低平处、二级阶地的局部洼地。其主要特性：一是经河流多次冲积、沉积，形成了不同质地层次的多样排列；二是潜水位高，一般小于3米，其成土过程受潜水的制约，潜水矿化度高时，易形成土壤盐渍化。由于所处微地形由高到低，地下水由甜变卤，潜水埋深和水质的差异影响潮土的形成，其表层质地也自上而下由粗变细。分为脱潮土、潮土、湿潮土、盐化潮土4个土属、21个土种。

（1）脱潮土：是潮土土类中一种较好的土壤，分布在冲积平原的河滩高地上。表层质地适中，耕性和通透性好，适种性广；成土脱离地下水位影响，能灌能排，是粮、菜精种高产土壤。平遥县脱潮土只有耕脱潮土1个土种，分布在中都乡，海拔745米，面积较小。

（2）潮土：广泛分布于河流冲积平原较平坦地区，地形部位比脱潮土低，海拔742米，面积较大。特性与脱潮土基本相同，但肥力较低，潜水埋藏浅，潜水矿化度较高的地带有潜在盐渍化威胁。平遥县潮土有耕绵潮土、耕二合潮土、黏潮土、蒙金潮土、底黏潮土、夹砾潮土、底砾潮土、底沙潮土、底沙黏潮土9个土种，是全县面积很大的比较理想的农业土壤。

（3）湿潮土：是在常年或季节性积水的情况下，再加沼泽化成土作用形成的一种土壤。质地黏重，有机质与全氮含量较高，钾素丰富，但严重缺磷，物理性状差，土性冷、黏、板、死，易涝怕旱。在全县只有潮湿土1个土种，位于岳壁乡梁村惠济河河漫滩上，海拔800米，面积较小。

（4）盐化潮土：由河流冲积物和海相沉积物迭次形成，潜水埋深1～2米，地下水沿毛细管上升于地表，经蒸发、水去盐留，造成土壤盐渍化。因盐碱为害，农作物一般缺苗一成至四成，其生长的好坏取决于盐渍化程度的轻重。全县盐潮土分布在一级阶地的低洼处，分耕轻白盐潮土、耕中白盐潮土、夹沙中白盐潮土、黏重白盐潮土、黏轻白盐潮土、黏中白盐潮土、耕重白盐潮土、中盐潮土、重盐潮土、轻混盐潮土10个土种。

3. 盐土土类 盐土是平遥县未经开垦的碱荒地，是全县盐分含量最高的土壤类型，只能生长一些稀疏的耐盐植物或耐盐作物，产量极低。位于香乐乡、宁固镇、杜家庄乡、洪善镇等乡（镇）的部分地区，属于盐土中的草甸盐土，分黑油盐土、灰盐土、黑盐土、苏打白盐土4个土种。

平遥县所有的耕地层土壤，大部分为轻壤至中壤约占85%，重壤至黏土占10%，沙壤土占5%。汾河灌区土壤肥力较高，但部分沙壤土肥力较低。丘陵山区土壤肥力较低，平川井灌区居中。

第一节　耕地土壤类型

一、土壤的形成条件和分布规律

（一）土壤的形成条件

土壤本身是自然地理环境中无机物质与有机物质相互作用过程中所形成的独特的客观自然体。它既是生物（植物和微生物）生命活动的基础环境条件，又是地表物质与能量转化交换的活动场所。形成土壤过程中的影响因素是复杂多样的，就形成土壤的自然环境条件来讲，地形、母质、气候、生物、时间等不同的成土因素，在土壤的成土过程中，起着同等重要的作用。

1. 气候条件与土壤 气候在土壤的形成过程中，其主要作用是对水、热条件和土壤中物质的转化过程中的影响。它既影响土壤的发育程度又决定其分布状况。平遥县所分布的淡褐土类型，均属山西省地带性土壤褐土的 1 个亚类，其特点为在土壤的发育过程中，因受本地区气候条件的限制，其土壤中的钙化过程和黏化过程表现微弱，比起山西省南部地区的碳酸盐褐土的发育程度，有明显的差距。

从平遥地区小气候对土壤形成过程的影响，气候与地形、海拔高度的变化，规律性比较明显。海拔高度为 1 700 米的中山地形，气候寒冷、温润，因而在土壤的形成过程中，有机质的累积比较明显，土壤中的淋溶现象比较明显。因此，初步形成了弱淋溶性的淋溶褐土，而海拔高度相对偏低的丘陵地区，气候高温干旱，而且侵蚀非常严重，因而土壤中的有机质转化过程较快。另外，由于地形及降水的影响，侵蚀强烈故出现不连续的成土过程而形成了淡褐土性土。纵观平遥县气候对土壤成土过程的影响主要表现在气候影响土壤有机质的合成和分解、矿物质的分化与淀积；水分的蒸发与淋洗等过程。如本县仁义、千庄的部分土壤有机质含量比丘陵平川的土壤高，就是由于海拔高、气候冷、有机质分解慢、积累速度大于分解速度所致，淋溶褐土中无石灰反应，淡褐土中的黏化层，就是由于水分的淋洗，黏粒的淀积所致，一级阶地的盐碱土是由于蒸发量大于降水量所造成的。

2. 生物与土壤　生物，特别是植物和微生物，是土壤养分的重要供给者和这些物质循环的推动者。正是由于生物的主要作用，才使母质成为土壤，有机质对土壤的水，气、热状况也有直接或间接的影响，特别是植物原仅从土壤中吸取所必需的营养物质，而它本身有机残体又是影响土壤肥力发展的主要因素。在不同的气候条件下，生长着不同的植物，形成不同的植物群落植被类型，它们的特点和类型，对成土过程的作用各有不同。如本县仁义、千庄一带的淋溶褐土，就是在生物和气候综合作用下形成的，但同样气候条件，海拔高的阳坡，由于水、热条件所限，而缺乏植被，所形成的土壤就是山地褐土。

3. 地形与土壤　地形的不同高度、坡度、坡向，对地形物质与能量造成再分配作用。首先，是地形对气候条件的影响，从而使土壤水、热状况也随地形条件的变化而变化；其次，是地形对地表水和地下水的支配作用，从而影响到土壤中的物质迁移和土壤发育，如在排水良好的山坡、当植被覆盖很差时，很容易造成土壤的侵蚀；相反在排水不良的低洼地里，地下水位升高甚至渗出地表，使土壤发生沼泽化，在气候干旱的条件下，又易形成盐渍化，此外地势的高度变化，会引起各种成土因素的综合变化和土壤类型的分布。如在本县山地上的淋溶褐土，山地褐土，丘陵上的淡褐土性土，二级阶地上的淡褐土，一级阶地上的草甸土。

4. 母质与土壤　成土母质是岩石矿物经过分化后的疏松碎屑，它是土壤形成发育的物质基础。母质的特性，直接影响土壤的发展方向与速度，以及肥力特性和利用改良方向。

本地区黄土母质上发育的土壤由于母质中本身 $CaCO_3$ 的含量较高，因而发育形成的土壤呈微碱性反应。

土壤的质地受成土母质的影响比较深刻，本地区砂岩风化物上发育的土壤质地较粗，而石灰岩、页岩风化后形成的土壤质地比较黏重。

土壤母质类型：

①砂页岩风化物。平遥县的山地主要是由二叠三叠系砂岩页山体组成，所以山地的土壤母质绝大部分以砂页岩风化物为主，山顶上残积母质是岩石风化后，残留在原地，未经

搬运的碎屑。其特点是具有角质碎块和石砾、颗粒混杂堆积、未经分选、层次不明显；大体保持了原来基岩的特性。

该地区发育的土壤、土层较薄、质地较粗、养分瘠薄。

②石灰岩风化物。在平遥县普洞乡以南有石灰岩出露，在石灰岩风化物母质上发育的土壤，土层较薄，但质地较细，一般中壤至重壤。

③红黄土。也称离石—午城黄土。分布在卜宜乡枣林村、南依涧乡苏家庄一带，颜色为红黄色，质地较细。

④黄土。也称马兰黄土：淡灰黄色、较疏松、无层理，柱状节理发育，石灰含量高，为8%～16%，土质均匀一致，质地为轻壤，分布在低山、丘陵地区。二级阶地上的次生黄土因经过搬运质地较细、大多为中壤，肥力较高，在土壤命名中称黄土状母质。

⑤洪积母质。在山区、丘陵的沟口附近，洪积物的特点是分选差，砾石沙泥混杂堆积。在东泉、梁坡底等地分布较多。

⑥河流近代沉积物。河流近代沉积物是经河流搬运，在两岸分布的沉积物质。分布在河漫滩及一级阶地、面积很大。母质特点是由于水流的分选作用，因而具有成层性与成带状分布规律，在冲积体内沙黏交叠的沉积层次明显，母质因来源于河流上游的表土，养分含量丰富，土质肥沃。

5. 时间及人为因素与土壤

（1）时间因素：土壤在一定成土因素综合作用下，由于成土时间不同，也会影响土壤发育程度的不同。如河漫滩上的土壤发育程度低，常处在土壤形成初期，发生土层不明显。而高阶地上的土壤由于形成时间长，发育程度高、淋溶层、淀积层较明显，土壤因时间的推移而不断地演化，所以时间是重要的成土因素。

（2）人为因素：土壤是农业生产最基本的生产资料。人类的农业生产活动影响到土壤的生态系统工程，种植作物代替了自然植被，并通过施肥、灌溉、改良等措施，改变了土壤物质能量的交换方式和平衡关系。因此，耕地土壤是自然因素和人类生产活动的综合反映。

人为因素对土壤的形成演化的影响是十分强烈的，如不合理的大水漫灌，只灌不排，能使土壤从草甸化向盐渍化的成土过程发展，相反，一定的措施，如打井、挖排水渠、合理灌溉，植树、种绿肥、增施有机肥料，平整土地等，能使土壤由盐渍化向草甸化成土过程发展。

（二）土壤分布规律

本县地形复杂，海拔高度由孟山的1 955米，逐渐向西递减到西王智一带的736米，高差达1 200余米。由于地形的变化，土壤水热条件也发生了很大变化，土壤的成土过程产生了差异，土壤类型由东南向西北依次分布着淋溶褐土（海拔为1 750～1 955米）、山地褐土（海拔为1 000～1 750米）、淡褐土性土（海拔为800～1 000米）、淡褐土（海拔为745～800米）、浅色草甸土及盐土（海拔为736～745米）。

二、土壤分类

在不同成土因素的综合作用下，会发育形成不同的土壤类型。而各种不同的土壤类型，具有不同的形态特征，不同的生产性能及肥力水平，土壤分类的目的在于系统地了解各类土壤的形成及属性，找出不同土壤类型之间发生发展和肥力的共同性、特殊性及其之间的差异性以及因地制宜地用土改土和培肥土壤，在农业生产中能够经济有效地、有预见性地进行管理和科学种植。

（一）土壤分类的原则和依据

在这次土壤普查中所拟定的土壤分类及土壤分类系统是以《全国第二次土壤普查技术规程》和《山西省第二次土壤普查工作分类暂行方案》，采用土类、亚类、土属、土种、四级分类制。因受调查比例尺的限制，变种一级暂不拟定。各级分类单元的划分原则和依据如下：

1. 土类　土类是土壤分类的高级基本单元，它是在一定的综合自然条件和人为因素作用下，有一个主要或几个相结合的成土过程，并有一定相似的发生层次的可以鉴别，土类间在性质上有明显的差异，划分依据如下：

（1）土壤发生类型与当地生物气候条件相吻合，即所谓地带性土壤，也可由特殊母质类型和过多的地表水或地下水活动形成隐域性土壤。

（2）在自然因素、人为因素的影响下，具有一定特征的成土过程，如草甸化过程、潜育化过程，黏化过程等。

（3）每一个土类具有独特的剖面形态及相应的土壤属性，特别是具有作为鉴定该土壤类型特征的诊断土层，如褐土的黏化层，草甸上的潴育层、潜育层等。

（4）由于成土条件和成土过程的综合影响，在同一个土壤类型内必定有其相类似的肥力特征和改良利用方向与途径，如褐土的干旱、盐土的盐分、沼泽化土水分过多等问题。

2. 亚类　亚类是土类范围内的进一步划分，亚类划分的主要依据：

（1）同一土类的不同发育阶段，在成土过程中和剖面形态上互相有差异，例如：褐土划分为淋溶褐土和淡褐土，反映了褐土中碳酸盐的淋溶与积累的不同发育阶段。

（2）不同土类之间的相互过渡，在主要成土过程中，同时产生附加的、次要的成土过程。例如草甸土附加褐化成土过程，形成褐化浅色草甸土，盐土与草甸土之间过渡，有草甸化盐土和盐化草甸土亚类。

3. 土属　是在发生学上互相联系，具有承上启下意义的分类单元，它既是亚类的续分又是土种的归纳。主要依据母质类型与性质，水文地质，盐分组成、侵蚀、淤灌等地方因子的划分，这些因子影响的性质只能延缓或加速土壤发生过程，而不改变成土的方向。如淡褐土亚类中根据不同的水文、地质、侵蚀程度划分为山地褐土、淡褐土性土、淡褐土等土属，又根据不同母质划分为黄土质淡褐土性土、红黄土质褐土性土等。

4. 土种　是基层分类的基本单元，它是在相同母质的基础上的具有类似的发育程度和土体构型的一群土壤。土种非一般措施在短期内所能改变，具有一定的稳定性。主要划分依据有：

（1）地层质地按沙土、沙壤、轻壤、中壤、重壤、黏土6级划分；间层质地，盐碱土表层质地按沙（沙土）壤（轻、中壤）、黏（重壤、黏土）3级划分。

（2）土壤剖面以1.5米为划分土种标准和范围，山地土层薄时挖至基岩为准。全剖面均为相同质地或只相差一级，即作为均质土壤考虑。

（3）土壤剖面中的各个土层，质地相差两级或两级以上，要考虑其排列组合方式，一般以表层质地为主，将其下质地相差两级或两级以上的土层作为间层，并根据间层的厚度和层位来进行划分和组合。

①间层厚度的区分。薄层10～20厘米，中层20～50厘米，厚层大于50厘米；盐碱地只分薄层10～30厘米，厚层大于30厘米。

连接出现的、相距很近的薄间层，其累积厚度超过20厘米时可作为中层考虑，超过50厘米时可作为厚层考虑。

②间层层位区分。浅位20～50厘米（离地表的深度），深位大于50厘米（同上），根据以上指标，土体构型分为4种：

浅位薄层夹层：表示在50厘米以上出现了10～20厘米厚的夹层，简称"夹"。

浅位中层夹层：表示在50厘米以上出现了20～50厘米厚的夹层，简称"腰"。

浅位厚层夹层：表示在50厘米以上出现了大于50厘米厚的夹层，简称"体"。

深位中层夹层：表示在50厘米以下，出现了厚度20～50厘米或大于50厘米厚的夹层，简称"底"。

浅位厚沙层也称"漏沙"。

"夹"、"腰"、"体"、"底"只在草甸土中命名使用。

（4）特殊土层：土体中出现非正常层次如（埋藏黑垆土）障碍层次（砾石层、料姜）造成土体构型的变化，都是划分土种的依据，其层位与厚度的划分标准，可参照质地间层的划分标准。

埋藏黑垆土：出现部位在距地表50厘米以上，其厚度在30厘米以上定为埋藏黑垆土。

砾石含量：1～3毫米砾石含量为10%～20%的为少砾石，20%～50%为多砾石。

料姜含量：具体指标同砾石。

（5）土体厚度：土体厚度是山地土壤划分土种的重要依据，分为3级。

薄体小于30厘米，中体30～80厘米，厚体大于80厘米。

（6）盐碱土：不同的盐分组成划分不同土属，盐分组成成分以0～20厘米土层中离子含量的毫克当量的百分数为划分依据，凡占阴离子毫克当量50%以上的为主要离子，含量在20%的为次要离子，排列次序为主要离子在后，次要离子在前，小于20%的离子不在命名中表示，当一种离子的含量大于70%时，则以单一离子命名，主要离子含量均小于50%，凡大于20%的离子均在命名中表示，含量高的在后，含量低的在前，碱性碳酸根含量1me/百克土，pH>9，地表有明显积盐现象且有碳酸盐及重碳酸盐聚积即为苏打盐土。

苏打盐化土是根据土壤中苏打的绝对含量来划分，当碱性碳酸根含量大于0.1me/百克土，pH>8.5，且CO、HCO毫克当量之和大于Ca、Mg之和即为苏打盐化土。

盐碱程度0～20厘米土层中含盐的百分数来表示，含盐分为0.2%～0.4%的为轻度盐化土、0.6%为中度盐化土、0.6%～1%为重度盐化土、大于1%为盐土。

（二）土壤分类系统

根据上述原则和依据，平遥县土壤共划分为3个土类，8个亚类，34个土属，106个土种。

三、土壤类型的概述

（一）褐土类型的形成与特征

平遥县主要地带性土壤为褐土类型。分布在全县二级阶地和丘陵山区的广大地区。面积 1 097 208 亩，占总面积的 58%。

平遥县地处为大陆性温暖半干旱的节风气候带，其特点为夏季高温多雨，冬季寒冷少雪。年平均温度 10℃ 左右，降水 477.5 毫米，多集中在中 7 月、8 月、9 月。蒸发量为降水量的 4 倍还多，大陆性气候显著，地势较高，地下水深度一般为 10 米以下，甚至达 100 米。土体排水良好，不受地下水影响。高温高湿同时出现，土体中有一定淋溶作用，由于蒸发量大，沿植物根孔隙有碳酸盐淀积，淋溶作用的季节性，表现在心土层，物理性黏粒（粒径小于 0.01 毫米）可达 40% 左右，黏化层一般出现在心土层或下一点，颜色新鲜，土质黏重，黏化层形成过程是褐土形成的主导过程。不过由于本县高温高湿季节不长，黏化层不一定在每个剖面都出现，或者不够明显。总之，微弱黏化和碳酸钙淀积是本县褐土的主要特征。自然植被多为旱生型，如刺玫、醋柳、荆条、酸枣、蒿类等。成土母质，除山区地带有砂页岩风化物和部分石灰岩风化物外，其他均有富含碳酸钙的第四纪黄土或黄土状母质堆积物。本区褐土类型的成土过程不受地下水的影响。

褐土类型一般都具有不同程度的石灰反应，全剖面呈微碱性反应，pH 为 8～8.5。土层深厚，质地较均匀。颜色为灰棕至灰褐色。由于土体中有一定的淋溶淀积作用，心土或底土层的水热条件比较稳定，故在心土至底土层范围内有厚度 20～30 厘米的颜色为褐色的黏化层。黏化层以上有一厚度不等的钙积层次，其碳酸钙含量较高，一般为 10% 左右。耕地土壤由于耕层虽经淋溶，但还有较强的石灰反应，而在 30 厘米以下的亚表层或心土层，常有菌丝状石灰斑纹淀积，说明有碳酸钙的淋移淀积现象。

土体结构除表层常为粒状和碎块状外，一般均有块状至梭块状。一般耕性良好，表层有机质含量除淋溶褐土和部分山地褐土较高（5.64%）外，其余都为 1%～1.5%。

由于水热条件所限，本地区没有典型的褐土，因为地形部位、生物种类、小气候及人为利用的不同，使此类型土壤处于不同的发育阶段。根据其成土条件和成土过程的不同差异，本区分布有淋溶褐土，山地褐土，淡褐土 4 个亚类，16 个土属。现以土属为单位分别叙述如下：

1. 砂页岩质淋溶褐土

（1）地理分布：淋溶褐土主要分布在东南山区的孟山乡、东泉镇的千庄村，海拔在 1 750 米以上，面积 122 990 亩，占总土地面积的 6.5%。

（2）形成与特征：淋溶褐土分布于后山，土层浅薄，均为未开垦的自然土壤。自然植被好，且种类繁多，有油松、侧柏、山杨、白桦及醋柳、刺玫、白草、苔藓、地衣等，一般覆盖率阴坡 70%～90%、阳坡 50%～60%，大多属次生针叶林、针阔混交林和旱生草灌植物。由于本地区降水量大，该土有明显的淋溶层；由于土层薄，钙积层常常出现在基岩表层，同时由于覆盖度大，土体经常保持湿润，表层有 2～5 厘米厚的枯枝落叶层，其下为 5 厘米左右的腐殖质层；颜色灰褐，疏松，无石灰反应。有机质含量可达 9%～34%，有不稳定的团粒结构；其下为心土层，40厘米左右，质地沙壤至轻壤，土体松而润，有较多的植物根系，无石灰反应，底土则为紫红至绿色沙砾，其石灰反应较强。由于本区山地淋溶褐土、土层浅薄，因而BC层的发育并不太明显，而且淋溶的程度不太强烈，均属中度淋溶性的淋溶褐土。

（3）主要类型：本亚类只有一个砂页岩质淋溶褐土土属。划为2个土种，即中层沙壤砂页岩质淋溶褐土、中层轻壤砂页岩质淋溶褐土。

典型剖面取自孟山乡二郎村，海拔为1 800米处。地表有5厘米厚的枯枝落叶层。

0～5厘米：为腐殖面层。

5～10厘米：深褐色轻壤，粒状结构，疏松多孔，土体湿润，植物根系较多，无石灰反应，夹有小石块。

10～20厘米：淡褐色轻壤，粒状结构，土体松散而润，孔隙较多，植物根系中量，无石灰反应，含有小石块。

该土属植被覆盖度高，土体湿润、肥沃，但由于海拔高、气候凉、坡度陡，不宜农用。应保护好现有森林，加大营造人工林，严禁乱砍滥伐。

2. 山地褐土

（1）地理分布：山地褐土主要分布孟山、千庄、果子沟、普洞、南依涧、辛村及东泉、梁坡底、卜宜、段村等乡、村的部分地区，面积624 547亩，占总土地面积的33%。其上限与淋溶褐土呈复域存在，下限为褐土性土，海拔高程为1 000～1 750米。

（2）形成及特征：平遥县山地褐土大都发育在砂页岩风化物和第四纪黄土母质上，仅在普洞一带有面积不大的石灰岩风化物母质存在，其自然植被的组成与淋溶褐土相似，但以灌木、草本植被为多。

土层厚度以其母质的不同或侵蚀的强弱而异，残积母质上发育的山地褐土一般较薄，平常几厘米至几十厘米厚，黄土母质上发育的山地褐土一般土层较厚，通常几米至几十米。地表常有较薄的枯枝落叶层，腐殖质层厚度很薄，剖面颜色常因母质不同及腐殖含量多少而异，心土层呈碎块或屑粒状结构，有假菌丝体，并有微弱的黏粒移动现象，如果是残积物母质，底土必有风化物。

全剖面质地变化，由于母质的不同，质地大都由轻壤到中壤，石灰反应由弱到强，全剖面为微碱性反应。

（3）主要类型：根据山地褐土的母质类型和利用方式分为8个土属：砂页岩质山地褐土、耕种砂页岩质山地褐土、石灰岩质山地褐土、黄土质山地褐土、耕种黄土质山地褐土、红黄土质山地褐土、耕种红黄土质山地褐土、耕种沟淤山地褐土。

①砂页岩质山地褐土。砂页岩质山地褐土主要分布在孟山、千庄、果子沟、普洞、南依涧、辛村等乡、村，面积较大，约418 105亩，占总土地面积22.23%。

砂页岩质山地褐土，发育在砂页岩母质的风化物上，其自然植被与淋溶褐土相似，但以灌木和草本为主。植被覆盖率也比淋溶褐土低，为50%～60%。

土层厚度一般为30～100厘米，地表具有1～3厘米的枯枝落叶层，其下3～5厘米腐殖质含量较高，呈褐色，有机质含量多为3%左右，土壤质地多为轻壤至中壤，常含砾石，有不同程度的侵蚀；心土层呈紫红至灰绿，灰黄色块状结构，底土为半风化母岩，表层石灰反应较弱，其下各层都强烈。本土属根据土体厚度，土壤质地，砾石含量分为6个土种：薄层轻壤少砾砂页岩质山地褐土、薄层轻壤多砾砂页岩质山地褐土、薄层中壤少砾砂页岩质山地褐土、中层轻壤砂页岩质山地褐土、中层中壤少砾砂页岩质山地褐土、中层中壤多砾砂页岩质山地褐土。

典型剖面取自千庄乡千庄村，海拔为1 672米处的山顶上，母质系砂页岩残积物，草灌植被。

表层有3厘米的枯枝落叶层。

0～5厘米：为褐色轻壤，团粒结构，疏松，多孔，植物根系多，有石灰反应。

5～36厘米：棕褐色轻壤，碎块状结构，疏松，多孔，石灰反应强烈，含砾石。

36～66厘米：灰黄色重壤，碎块结构，松散，孔隙少，植物根系不多，石灰反应强烈。

66～110厘米：为半风化母质。

110厘米以下：为基岩。

此土为自然土壤，土体深厚，质地适中，植被覆盖较好，是良好的天然牧地，适宜发展畜牧业。今后改良利用方面应更新草种，适当控制载畜量。

②耕种砂页岩质山地褐土。耕种砂页岩山地褐土分布范围同砂页岩山地褐土，面积11 380亩，占总土地面积的0.61%。

此土多发育在山麓坡脚地带，是砂页岩风化物经水力和重力作用的搬运、沉积，经人为开垦而成，土层厚度一般为30厘米以上，质地多为轻壤至中壤。土体内含有一定的砾石，层次不明显，心土层可有白色假菌丝体，通体石灰反应强烈。由于多年垦殖。所以，侵蚀较严重有机质含量也较低。根据土体厚度、土壤质地、砾石含量划分为6个土种：耕种中层沙壤少砾砂页岩质山地褐土、耕种中层轻壤砂页岩质山地褐土、耕种中层轻壤少砾砂页岩质山地褐土、耕种中层轻壤多砾砂页岩质山地褐土、耕种厚层轻壤砂页岩质山地褐土、耕种厚层中壤多砾砂页岩质山地褐土。

典型剖面来自仁义乡魏家庄村，海拔为1 700米处，母质残积。

0～23厘米：为褐色轻壤，团粒状结构，土体疏松，多孔隙，植物根系多，石灰反应强。

23～65厘米：为淡褐色轻壤，粒状结构，土体松散，少孔隙，植物根系多，石灰反应强。

65～80厘米：为灰褐色块状结构，土体紧实，少孔，有假菌丝体，石灰反应强烈。

80厘米以下：为基岩。

通体夹杂有少量砾石。

此土海拔高，气温低，土层薄，侵蚀严重，产量低，梯田种植马铃薯，莜麦等作物，应适当退耕还牧、还林。

③石灰岩质山地褐土。石灰岩质山地褐色土分布在普洞乡以南至史家庄，文祠神一带。面积6 165亩，占总土地面积的0.33%。

石灰岩山地褐土发育在石灰岩风化物母质上，自然植被以蒿草类为主，植被不多，侵蚀较重。

土层厚度一般为 40 厘米左右，有机质含量不高，土壤质地以重壤为主，土体中夹有砾石，心土层为块状结构，孔隙不多，无植物根系，石灰反应强烈。

本土属根据砾石含量分为 2 个土种：薄层重壤多砾石灰岩质山地褐土、中层重壤石灰岩质山地褐土。

典型剖面采用普洞乡文祠神村，海拔为 1 300 米处。

0～13 厘米：为浅黄色重壤，块状结构，孔隙中等，石灰反应强烈。

13～28 厘米：为淡黄色重壤，块状结构，石灰反应强烈。

28～38 厘米：为淡黄色黏土，块状结构，石灰反应强烈。

该土为自然土壤，土层薄，肥力极低，质地过黏，基本不能种植作物，应充分利用本地资源，大力发展建材原料。

④黄土质山地褐土。黄土质山地褐土与砂页岩山地褐土呈复域存在，大多发育于山顶或坡麓不易冲刷处残存的第四纪黄土母质上，自然植被为旱生型，覆盖较好，土层深厚，一般在 1 米以上。地面具有微薄的枯枝落叶，表层有机质含量较高，可达 1.54%，质地多为轻壤至中壤，土地疏松，表层颜色为灰褐，有较多的植物根系，土体中部见到假菌丝体。面积约 95 945 亩，占总土地面积的 5.1%。

根据土体厚度及表层质地，本土属划分为 4 个土种：薄层中壤黄土质山地褐土、薄层中壤多料姜黄土质山地褐土、中层轻壤黄土质山地褐土、厚层中壤黄土质山地褐土。

典型剖面采自果子沟乡西观寺村，海拔为 1 591 米处。

0～24 厘米：为黄褐色中壤，块状结构，孔隙和植物根系很多，石灰反应强烈。

24～95 厘米：为棕黄褐色中壤，块状结构，孔隙和植物根系中量，有强烈的石灰反应。

95～121 厘米：为褐黄色中壤，块状结构，紧实，少孔隙，石灰反应强烈。

121 厘米以下：为基岩。

本土属土层较厚，质地适中，中度侵蚀，改良利用方面应是植树种草，发展林业、畜牧业。

⑤耕种黄土质山地褐土。主要分布在山区的缓坡地带和山顶，多为梯田或二坡地，有程度不同的水土流失。土层深厚，质地较轻，疏松多孔，透气性良好，易作，雨后不板结，宜耕期长，保肥性能中等，由于交通不便，水土流失，肥力较差，耕层有机质含量多为 1% 左右，渗透性强，水分易挥发，抗蚀能力弱，熟化程度不高。面积为 82 163 亩，占总土地面积的 4.3%。

本土属只有 1 个土种：耕种厚层中壤黄土质山地褐土。

典型剖面取自孟山乡下石奄村，海拔为 1 450 米处。

0～24 厘米：为灰褐色中壤，结构屑粒状，疏松，多孔，有较多的植物根系，石灰反应强烈。

24～78 厘米：为淡褐色中壤，块状结构，较紧，孔隙中等，有假菌丝体，植物根系中量，有强烈的石灰反应。

78～110 厘米：为黄褐色中壤，块状结构，较紧，孔隙中等，植物根系少，石灰反应强烈。

本土属土体深厚，质地适中，是山区的主要农田。但水土流失严重，土壤养分含量低，改良利用方面应是平田整地，梯田种植，增施有机肥料，推广有机旱作。

⑥红黄土质山地褐土。分布于段村镇枣林村，面积705亩，占总土地面积的0.073％。在砂页岩上覆盖有40厘米厚的一层红色黄土，并夹有料姜。质地重壤，现为荒地。

本土属只有1个土种：中层重壤多料姜红黄土质山地褐土。

此土属自然土壤，今后着重应发展林业、畜牧业。

⑦耕种壤红黄土质山地褐土。零星分布在南依涧、辛村、普涧等乡、村，发育在第四纪红黄土上，多为农业用地，多为梯田或坡地，质地较黏，通透性差，物理性状不良，抗侵蚀力强，心土层有少量白色假菌丝体或料姜。面积约8 839亩，占总土地面积的0.47％。

本土属只有1个土种：耕种厚层中壤红黄土质山地褐土。

典型剖面取自南依涧苏家庄村，海拔为1 385米处。

0～25厘米：为棕褐色中壤，块状结构，疏松，孔隙多，植物根系多，石灰反应强烈。

25～70厘米：为黄棕褐色中壤，粒状结构，紧实，孔隙和植物根系中等，有少量料姜，石灰反应强烈。

70～150厘米：为黄棕褐色中壤，块状结构，紧实，孔隙中等，植物根系少，石灰反应强。

本土属有一定程度的水土流失，土壤养分含量低，应平整土地，增施肥料，推广有机旱作，用地养地相结合。

⑧耕种沟淤山地褐土。主要分布在山前河谷，如千庄、卜宜等乡、村，面积约1 950亩，占总土地面积的0.1％。

耕种沟淤山地褐土由洪水携带的肥沃泥土经人工打坝拦蓄淤积或由洪水流至平缓处泥沙沉积而成，俗称沟淤土。

此土沉积层理比较明显，一般耕性好，水分充足，养分含量也较高，因而土壤较肥沃，适种作物广，单产也高，是山区的一种高产土壤。

由于沟淤山地褐土处于沟谷河滩，一般地形部位较低，交通方便，水源近，有利发展水利建设，由于山区小气候原因，热量条件也好，1亩沟地能顶山上的几亩甚至十几亩瘠薄地的产量。在条件不行的情况下应充分利用一切沟道的有利条件发展沟坝地。是解决山区粮食高产稳产的一项有效措施。

本土属只有1个土种：耕种厚层轻壤沟淤山地褐土。

典型剖面采自千庄乡千庄村，海拔为1 400米的河滩上。

0～15厘米：为红褐色轻壤，屑粒状结构，疏松，多孔隙，植物根系多，石灰反应强。

15～45厘米：为褐色轻壤，屑粒状结构，孔隙多，植物根系多，石灰反应强。

45～87厘米：为褐色轻壤，屑粒状结构，石灰反应强。

87～113厘米：为褐色轻壤，屑粒状结构，有锈纹锈斑，植物根系少，石灰反应强。

耕种沟淤山地褐土，是为山区目前较好的农业土壤，但因成土时间短，熟化程度低，而且易受山洪威胁。今后应修筑高标准台田，坚固沟坝，设置防洪设施，同时要精耕细作，加强土壤的培肥熟化工作，定会迅速建成高产稳产农田。

3. 褐土性土

（1）地理分布：主要分布在段村、卜宜、梁坡底、东泉、朱坑、辛村、南依涧、襄垣等地的丘陵、沟壑地带，为从山地褐土到淡褐土的过渡地带，海拔高度下限为 800～850 米、上限为 1 000 米，面积 156 506 亩，占总土地面积的 8.3%。

（2）形成与特征：褐土性土发育在第四纪红黄土或次生黄土母质上，土层深厚，疏松多孔，通透性好。自然植被多为旱生的酸枣、草、蒿类等。

在朱坑、辛村、南依涧、襄垣一带，二级、三级阶地界线明显，褐土性土分布在海拔为 800～1 000 米的东丘陵地上。由于本区人少地多，水源奇缺，耕作粗放，水土流失严重，土壤肥力低，有机质含量仅 0.053%；而在西丘陵（段村、卜宜、梁坡底、东泉一带），二级、三级阶地界线不明显，褐土性土的分布于海拔为 850～1 000 米之间。由于本区人多地少，水源较丰富，历来精耕细作，土壤熟化程度高，养分含量相对要高，有机质含量可达 1.238%，比东丘陵高 0.185%。

在剖面形态上，无明显的特征，层次过渡不明显，质地轻壤至中壤，心土层有白色假菌丝体部分夹有料姜，呈微碱性反应。

此土物理性状较好，易耕作，渗水快，蒸发也快；土体干旱，肥力不高，是农业生产上的不利因素。

（3）主要类型：根据所处地形部位、成土母质的不同，划分为 3 个土属：耕种黄土质褐土性土、耕种沟淤褐土性土、耕种洪积褐土性土。

①耕种黄土质褐土性土。分布于段村、卜宜、梁坡底、东泉、南依涧、襄垣等乡、村。面积约 135 803 亩，占总土地面积的 7.2%。

根据表层质地分为 2 个土种：耕种轻壤黄土质褐土性土、耕种中壤黄土质褐土性土。

典型剖面来自朱坑乡南汪湛村，海拔为 870 米处。

0～17 厘米：为黄褐色轻壤，屑粒状结构，土体疏松，多孔，植物根多，石灰反应强。

17～31 厘米：为黄褐色轻壤，屑粒状结构，结构紧，孔隙少，植物根系少，石灰反应强烈。

31～92 厘米：为黄褐色轻壤，屑粒状结构，稍松，孔隙中等，有少量的假菌丝体，植物根系少，石灰反应强烈。

92～150 厘米：为棕褐色中壤，屑粒状结构紧，孔隙少，有少量假菌丝体，无植物根系，石灰反应强烈。

此土疏松，易耕作，主要问题是土体干旱，侵蚀严重，肥力不高。改良利用方面应是推广有机旱作，发展绿肥牧草，种地养地相结合。

②耕种沟淤褐土性土。分布于段村、卜宜、梁坡底、朱坑、辛村、南依涧等乡、村，较大较平缓的沟谷底部，面积为 11 903 亩，占总土地面积的 6.3%。

耕种沟淤褐土性土为由洪水携带泥沙流经沟谷平缓处沉积而成，此土沉积层理明显，沙黏相间，耕性好，土体较湿润，养分含量较低，沟深，光照条件不好，只能种较耐阴的作物。

根据表层质地，障碍因素的有无，分为 2 个土种：耕种中壤沟淤褐土性土、耕种轻壤浅位薄沙层沟淤褐土性土。

典型剖面采自辛村乡乔家山村，海拔为 900 米以上。

0～20 厘米：为棕褐色轻壤，块状结构，土体疏松，孔隙多，植物根系多，石灰反应强。

20～35 厘米：为棕褐色轻壤，块状结构，土体疏松，孔隙和植物根系多，石灰反应强。

35～62 厘米：为淡黄色沙土，结构松散，植物根系中等，石灰反应强。

62～150 厘米：为棕褐色中壤，块状结构，土体紧实，孔隙与植物根系少，石灰反应强烈。

本土属有洪水灌溉之便，产量较高，一般为 200～500 千克，但 35 厘米以下有 27 厘米厚的沙层，在施肥上要注意少量多次，分次追施，以免下渗损失。

③耕种洪积褐土性土。分布于东泉、梁坡底乡，惠济河中上游，发育在古洪积扇的中上部，土壤层理不明显，整个土体中夹有大小不等的石块，磨圆度不好。由于受山区砂页岩风化物的影响，整个土体颜色紫红，水源充足，灌溉便利，土壤肥沃，产量水平更高。面积 7 837 亩，占总土地面积的 0.4%。

根据表层质地的不同，分为 2 个土种：耕种轻壤洪积褐土性土、耕种中壤洪积褐土性土。

典型剖面采自梁坡底乡南西泉村，海拔为 900 米处。

0～19 厘米：为棕褐色中壤，团粒结构，土体疏松，多孔，植物根系多，石灰反应强。

19～57 厘米：为棕褐色中壤，块状结构，较紧，孔隙少，植物根系多均匀，石灰反应强。

57～85 厘米：为褐色重壤，块状结构，土体较紧，孔隙和植物根系均少。

85～128 厘米：为棕色重壤，块状结构，土体较紧，孔隙和植物根系很少，石灰反应强。

128～159 厘米：为褐色重壤，块状结构，土体紧实，孔隙和植物根系极少，石灰反应强烈。

本土属土体结构好，有水利条件。应加强园田化建设，使成为旱涝保丰收的农田。

④耕种黑垆土型褐土性土：主要分布在段村乡东安社一带，海拔高度为 860 米左右，面积 963 亩，占总土地面积的 0.05%。

此土发育在二级、三级阶地的过渡地带，在黑垆土上又覆盖了一层次生黄土，使黑垆土变为埋藏型。黑垆土在本县面积很小，只有 1 个土种：耕种浅位厚黏层轻壤黑垆土型褐土性土。

典型剖面采自段村镇东安社村。

0～25 厘米：为灰褐色轻壤，团粒结构，土体疏松，多孔，植物根系多，石灰反应强。

25～90 厘米：为灰褐色重壤，块状结构，土体紧实，孔隙与植物根系中等，石灰反应强烈。

90～150 厘米：为黄褐色中壤，片状结构，紧实，少孔隙，植物根少，有锈纹锈斑，石灰反应强。

此土表层为轻壤，耕层以下有层较厚的重壤（65 厘米厚），保水保肥性能好，是较理想的农业土壤。今后应进一步建设成为园田化农田。

4. 淡褐土

（1）地理分布：主要分布于城关、达蒲、岳北、沿村堡、襄垣等地及段村、南政、洪善、卜宜的部分地区的二级阶地上，海拔高度为 745～800 米左右，面积 193 165 亩，占总土地面积的 10.2%。

（2）形成与特征：淡褐土发育在黄土状母质上，所处的地势低、平、侵蚀轻微，较褐土性松发育层次明显，在心层附近有一层淡褐色中壤质厚 20～50 厘米的弱黏化层，黏化层上下有白色假菌丝体出现，全剖面呈微碱性反应。淡褐土为本县较理想的耕作土壤之一，也是粮食及各种经济作物的主要产地，土体中常有灰渣炭粒等侵入体。

由于地势平坦，交通便利，人口密度大，长期精耕细作，土壤熟化程度高，既无盐渍化威胁，又有灌之便利，所以产量水平较高。

（3）主要类型：根据地貌，母质的不同划分为 3 个土属：耕种黄土状淡褐土、耕种黄土淡褐土、耕种沟淤淡褐土。

①耕种黄土状淡褐土：分布于平遥县城关、达蒲、岳壁、沿村堡、襄垣及段村、卜宜、南政、洪善等乡、村的部分地区。面积约 180 329 亩，占总土地面积的 9.5%。是淡褐土中面积最大的土属。

根据表层质地及土体构型的不同，划分为 9 个土种：耕种沙壤黄土状淡褐土、耕种轻壤黄土状淡褐土、耕种中壤黄土状淡褐土、耕种重壤黄土状淡褐土、耕种沙壤浅位薄卯石层黄土状淡褐土、耕种沙壤浅位中黏层黄土状淡褐土、耕种沙壤深位厚壤层黄土状淡褐土、耕种中壤深位厚沙层黄土状淡褐土、耕种重壤深位中沙层黄土状淡褐土。

典型剖面采自襄垣乡白城村，海拔为 773 米处。

0～20 厘米：为灰褐色中壤，团粒结构，土体疏松，多孔，植物根系多，石灰反应强烈。

20～40 厘米：为灰褐色中壤，块状结构，土体松，孔隙和植物根系均多，石灰反应强烈。

40～65 厘米：为黄褐色中壤，块状结构，土体稍松，孔隙和植物根系中等，石灰反应强烈。

65～85 厘米：为红褐色重壤，块状结构，土体稍紧，孔隙和植物根系中等，石灰反应强烈。

85～115 厘米：为黄褐色重壤，块状结构，土体紧实，孔隙和植物根系少，石灰反应强。

115～150 厘米：为黄褐色重壤，块状结构，土体紧实，孔隙和植物根系少，石灰反应强。

黄土状淡褐土为全县较为理想的农业土壤，是重点培肥，精耕细作，实现高产稳产的重要农业土壤。

②耕种沟淤淡褐土：主要分布于岳壁、达蒲、卜宜、朱坑等地的二级阶地的侵蚀沟内，耕作层沙壤至轻壤。面积 7 031 亩，占总土地面积的 0.37%。

根据质地不同划分为 2 个土种：耕种沙壤沟淤淡褐土、耕种轻壤沟淤淡褐土。

典型剖面取自岳壁乡的十九街村。

0～22 厘米：为黄褐色沙壤，块状结构，疏松，多孔，植物根系多。

22～45 厘米：为黄色沙壤，块状结构，疏松，多孔，植物根系多。

45～79 厘米：为褐黄色沙壤，粒状结构，稍松，孔隙中等，植物根系少。

79～102 厘米：为红褐色沙壤，片状结构，土体紧，孔隙少，植物根系很少。

102～127 厘米：为淡褐色沙壤，粒状结构，松散，孔隙少，基本没有植物根系。

127～150 厘米：为红褐色轻壤，片状结构，紧实，孔隙中等，无植物根系。

全剖面石灰反应强烈。沟淤淡褐土，是较理想的农业土壤，但易受洪水威胁，应取置防洪设施，实现高产稳产。

③耕种黄土质淡褐土：分布的朱坑乡的洪堡、庄则、西岩窑等村，海拔为 900 米左右的三级阶地上，面积 5 805 亩，占总土地面积的 0.3%。

此土发育于三级阶地的黄土母质上，由于此处地势平坦，侵蚀轻微，阶地地形较完整。所以，此处发育的土壤与二级阶地上的淡褐土没有多大差别，如发育层次明显，有微弱的黏化层，并且心土层至底上层有假菌丝体。

本土属只有 1 个土种：耕种轻壤黄土质淡褐土。

典型剖面取自朱坑乡洪堡村，海拔为 810 米处。

0～22 厘米：为黄褐色轻壤，粒状结构，疏松，多孔，植物根系多。

22～32 厘米：为黄褐色中壤，块状结构，土体紧，孔隙少，植物根系多。

32～76 厘米：为黄褐色轻壤，块状结构，土体紧，孔隙少，植物根系中等。

76～105 厘米：为褐色中壤，块状结构，土体紧，孔隙少，有假菌丝体，植物根系少。

105～150 厘米：为黄褐色中壤，块状结构，孔隙中等，有少量姜料，基本无植物根系。

全剖面石灰反应强烈。

由于地势平坦，侵蚀轻微，三级阶地未遭严重侵蚀，至今在朱坑一带保留较为完整。故土壤发育与二级阶地极为相似，是丘陵地带较理想的农业土壤，应重点培肥，精耕细作，建设成稳产高产的农田。

（二）草甸土的形成与特征

（1）地理分布：平遥地区的隐域性土壤，就本县范围内主要分布有浅色草甸土和盐化浅色草甸土土壤类型。主要分布在平川一级阶地及河流两岸区河漫滩和低平处，二级阶地的局部洼地，面积约 335 708 亩，占全县总土地面积的 17.7%，包括净化、宁固、香乐、西王智、杜家庄、达蒲、南政、王家庄、洪善等乡、村及沿村堡、岳壁、卜宜、朱坑的部分地区。

（2）形成与特征：此类型土壤分布地形一般海拔较低，海拔高度为 730～750 米。是本区地表水和地下水的汇集中心，因而土壤水分丰富，土壤溶液中所含的矿物质养分也很丰富，低洼处地下水矿化度较高，土壤溶液中含盐分也高，容易形成盐渍化土壤。

本地区的自然植被少，喜湿性的水稗、盐蓬、三棱草等，生长旺盛。

本区浅色草甸土发育于近代河流淤积物上，因受洪水携带物的影响，加上水流的分选作用，土壤质地与层次变化差异很大，土体结构复杂多样。

草甸土是半水，隐域性土壤，成土过程主要受地下水的影响。

本地区汾河的一级阶地，地下水位一般为2米左右，雨季可升至不足1米，旱季则降至3米以下，1年升降频繁，变幅很大，这样的水分状况，使下层土体中铁锰的化合物发生强烈的氧化—还原反应，因而在土层中形成了锈纹锈斑，呈现轻度的潜育化特征。

浅色草甸土，耕作历史悠久，表层土壤氧化作用占主导地位，有机质以好气分解为主。

土壤中有机质的含量一般为1‰～1.5‰。在本区内一些局部地势低洼，或不合理的大水漫灌习惯，加灌水干渠的侧渗，使得地下水位提高，地下水矿化度提高，盐分大量积聚，出现了零星或带状分布的盐渍化现象，从而形成了不同程度的盐化浅色草甸土。

在草甸土范围内，根据成土方面的不同，划分为2个亚类：褐土化浅色草甸土、浅色草甸土。

1. 褐土化浅色草甸土

（1）地理分布：褐土化浅色草甸土分布一级、二级阶地交接处，东达蒲、娃留一带，面积8 255亩，占总土地面积的0.437％。

（2）形成与特征：这些地方原来地下水位高，成土过程受地下水的影响。而现在这些地方地下水位下降到8米以下，成土过程已脱离地下水的影响，由原来的草甸化成土过程变为褐土化成土过程。剖面特征锈纹锈斑和假菌丝体同时存在，还有一定的黏化现象。

（3）主要类型：耕种褐土化浅色草甸土。分布及形成同亚类，在耕种褐土化浅色致甸土中，根据土体构型的不同，划分为2个土种：耕种中壤腰沙褐土化浅色草甸土、耕种轻壤褐土化浅色草甸土。

典型剖面取自南政乡娃留村，海拔745米处。

0～24厘米：为淡黄色轻壤，块状结构，疏松多孔，植物根系多，石灰反应强烈。

24～40厘米：为黄褐色中壤，块状结构，土体松而多孔隙，植物根系多，石灰反应强烈。

40～71厘米：为褐黄色中壤，块状结构，土体松而孔隙少，植物根系较多，石灰反应强烈。

71～92厘米：为淡黄色轻壤，块状结构，土体紧，孔隙和植物根系都少，石灰反应强。

92～130厘米：为棕黄色中壤，块状结构，土体松，孔隙和植物根系少，有少量假菌丝体，石灰反应强烈。

130～167厘米：为褐色轻壤，块状结构，土体松，孔隙和植物根系少，有石灰反应。

167～182厘米：为黄色轻壤，块状结构，土体紧，孔隙和植物根系极少，有石灰反应。

该土已脱离地下水的影响，无盐渍化的威胁，应重点培肥，建设高标准的高产稳产田。

2. 浅色草甸土

（1）地理分布：分布在汾河的一级阶地，面积223 392亩，占总土地面积的11.8％。

浅色草甸上系指地下水直接参与了土壤的成土过程，但地表有机质积累却较少。因此，土壤颜色较浅，土壤有机质含量约为1%。

（2）形成与特征：一级阶地的沉积物大多来自黄土，碳酸钙含量高，石灰反应强烈，pH为8左右，呈碱性反应。表层结构疏松多孔，黏粒有下移现象，但不明显，心土、底土的质地主要受冲积淤积物质的影响。

（3）主要类型：根据成土过程的不同，划分为2个土属：耕种浅色草甸土、耕种沼泽化浅色草甸土。

①耕种浅色草甸土。分布在浅色草甸土范围，面积222 942亩，占总土地面积的11.8%。耕种浅色草甸土在形成过程中，由于沉积物特性和沉积物所形成的局部地形不同，直接影响到质地，土体构型，从而影响土壤水分运行，耕作特性和适种作物及栽培管理方法。

沙性土壤的田间最大持水量小，透水性强，地下水很难通过毛管作用补给上层，生物活动较强，有机质分解快，但土壤结构性、毛管性能差，漏水漏肥，土壤肥力较低，产量也相对较低。

壤性土壤，田间持水量适当，萎蔫系数较小，有效水分含量较高，心土层较厚，心土层较厚，心土层下部及底土层可见锈纹锈斑，土壤耕性好，肥力较高，产量也较高，适种作物广。

黏性土壤，田间持水量大，萎蔫系数较大，透水性差，心土层以下见到明显的锈纹锈斑及铁猛胶膜，黏土有机质含量较高，保水保肥性能好，肥力高。但作物根系活动困难，土壤耕性差，作物前期生产较慢，但后期生产旺盛，产量也较高。

总之，耕种浅色草甸土是广大一级阶地上既无盐碱危害，又有灌溉的方便，是本县面积很大的比较理想的农业土壤，由于土地平坦，交通方便，人口密度较小，面积222 942亩，占总土地面积的11.8%，是本县最大的产粮区。

根据土壤质地，土体构型及障碍因素的不同划分为23个土种：耕种沙壤浅色草甸土、耕种轻壤浅色草甸土、耕种中壤浅色草甸土、耕种重壤浅色草甸土、耕种黏土浅色草甸土、耕种沙壤腰黏浅色草甸土、耕种轻薄黏体浅色草甸土、耕种沙壤腰石浅色草甸土、耕种重壤腰沙浅色草甸土、耕种重壤壤体浅色草甸土、耕种黏土壤体浅色草甸土、耕种中壤黏体浅色草甸土、耕种轻壤漏沙浅色草甸土、耕种中壤漏沙浅色草甸土、耕种黏土漏沙浅色草甸土、耕种沙壤卵底浅色草甸土、耕种轻壤沙底浅色草甸土、耕种中壤沙底浅色草甸土、耕种重壤沙底浅色草甸土、耕种黏土沙底浅色草甸土、耕种沙壤壤底浅色草甸土、耕种沙壤黏底浅色草甸土、耕种轻壤黏底浅色草甸土。

典型剖面09-55取自达蒲乡东达蒲村，海拔为742米处。

0～5厘米：为淡褐色轻壤，屑粒状结构，土体疏松，孔隙和植物根系中量，石灰反应强。

5～27厘米：为淡褐色轻壤，屑粒状结构，土体疏松，孔隙和植物根系中量，石灰反应强。

27～67厘米：为黄褐色轻壤，土地较松，孔隙中量，植物根系少，石灰反应强烈。

67～114厘米：为棕褐色中壤，片状结构，土体紧实，孔隙和植物根系均少，有大量的锈纹锈斑，石灰反应强。

114～150厘米：为淡褐色中壤，块状结构，土地较紧，孔隙和植物根系极少，石灰反应强。

本土属大部分分布在汾河一级阶地上，地下水位高，受盐渍威胁，若管理不好，容易产生次生盐渍化。所以，要健全灌排设施，防止次生盐渍化。

对一些质地黏重的土要逐步掺沙改良。对一些沙性土、腰沙、漏沙土要在灌水，施肥上注意不能一次灌水或施肥太多，灌水要定量，施肥要注意少施底肥，以防渗漏损失肥效。

②耕种沼泽化浅色草甸土。耕种沼泽化浅色草甸土分布在岳壁乡梁村，惠济河河漫滩上，面积450亩，占总土地面积的0.024%。

梁村一带河漫滩平缓，水源丰富，河水长流不断，灌溉非常方便。所以，在很早以前人们就把河漫滩辟为稻田，主要种植水稻，莲菜，习惯于精耕细作，亩产水稻为400千克左右。

面积较小，只有1个土种：耕种中壤沼泽化浅色草甸土。

典型剖面取自岳壁乡梁村、海拔为800米的河漫滩上。

0～15厘米：为灰褐色轻壤，疏松、无一定结构，有孔隙，植物根系多，有锈纹锈斑，由石灰反应。

15～45厘米：为青灰色轻壤，稍松、无一定结构，孔隙中量，植物根系少，有少量的锈纹锈斑，石灰反应强。

45～90厘米：为青灰色轻壤，稍紧、无一定结构，孔隙少，植物根系极少，石灰反应强烈。

本土基本无障碍因素，今后应充分利用本地自然资源，进一步发挥经济效益。

3. 盐化浅色草甸土

（1）地理分布：主要分布在一级阶地的低洼处，面积112 316亩，占总土地面积的5.9%。

（2）形成与特征：盐化浅色草甸土与浅色草甸土复域存在，即是受地下水影响的隐域性土壤，由于土壤及成土母质中的可溶性盐类，经地而径流及渗入地下水中，流至滞水带或封闭洼地时，当地水水径流不畅，使含盐的地下水汇集造成地下水矿化度不断增高。在蒸发量大于降水量4倍情况下，土壤毛细管活动强烈，地下水沿毛细管上升于地表，经蒸发，水去盐留，造成土壤盐渍化。

（3）主要类型：根据土壤中所含盐分的组成不同，划分为7个土属：耕种硫酸盐盐化浅色草甸土、氯化物硫酸盐盐化浅色草甸土、耕种氯化物硫酸盐盐化浅色草甸土、耕种硫酸盐氯化物盐化浅色草甸土、耕种苏打氯化物硫酸盐盐化浅色草甸土、氯化物硫酸盐苏打盐化浅色草甸土、耕种硫酸盐氯化物苏打盐化浅色草甸土。

①耕种硫酸盐盐化浅色草甸土：分布于宁固、净化、西王智、杜家庄、达蒲、南政、洪善等乡、村，面积65 340亩，占总土地面积的3.5%。

耕种硫酸盐盐化浅色草甸土，俗称"白碱"，含盐量为0.2%～0.6%，大多属轻度至中度盐碱地。

按盐分含量，土体构型的不同划分为下列 5 个土种：耕种壤性轻度硫酸盐盐化浅色草甸土、耕种壤性浅位厚沙层中度硫酸盐盐化浅色草甸土、耕种黏性浅位厚沙层中度硫酸盐盐化浅色草甸土、耕种沙性深位薄黏层中度硫酸盐盐化浅色草甸土、耕种壤性深位厚沙层中度硫酸盐盐化浅色草甸土。

典型剖面（08-21）采自洪善乡郝村。

0～5 厘米：为褐色中壤，粒状结构，疏松，多孔，植物根系多。

5～34 厘米：为深褐色中壤，粒状结构，疏松，多孔，植物根系多。

34～47 厘米：为黄褐色轻壤，块状结构，较紧，孔隙少，植物根系中量。

47～61 厘米：为黄褐色中壤，块状结构，土体紧，孔隙与植物根系少，锈纹锈斑多。

61～150 厘米：为棕色轻壤，块状结构，孔隙中量，植物根系少。

全部面石灰反应强。

②氯化物硫酸盐盐化浅色草甸土：分布在洪善、杜家庄乡，面积 1 650 亩，占总土地面积的 0.087%。

此土为荒地，只有 1 个土种；黏性深位厚沙层重度氯化物硫酸盐盐化浅色草甸土。

地下水位 1.2 米，植被为芦苇等耐盐植物。

典型剖面采自杜家庄乡东风落村。

0～5 厘米：为淡褐色重壤，屑粒状结构，疏松，多孔，植物根系多。

5～30 厘米：为淡褐色重壤，屑粒状结构，土体紧，孔隙较多，植物根系多。

30～59 厘米：为棕褐色重壤，块状结构，紧实、孔隙少，植物根系中量。

59～93 厘米：为灰褐色沙壤，块状结构，土体松，孔隙中量，植物根系少。

93～120 厘米：为灰褐色沙壤，块状结构，土体紧，基本无孔隙和植物根系。全剖面石灰反应强烈。

③耕种氯化物硫酸盐盐化浅色草甸土：分布于香乐、宁国、西王智、杜家庄、达蒲、洪善等乡（镇）、村，面积 33 814 亩，占总土地面积的 1.8%。

根据盐碱程度，表层质地，土体构型划分为下列 8 个土种：耕种黏性轻度氯化物硫酸盐盐化浅色草甸土、耕种壤性深位厚沙层轻度氯化物硫酸盐盐化浅色草甸土、耕种沙性深位厚黏层轻度氯化物硫酸盐盐化浅色草甸土、耕种黏性中度氯化物硫酸盐盐化浅色草甸土、耕种壤性深位厚沙层中度氯化物硫酸盐盐化浅色草甸土、耕种壤性浅位厚沙层重度氯化物硫酸盐盐化浅色草甸土、耕种壤性浅位厚黏层重度氯化物硫酸盐盐化浅色草甸土、耕种壤性深位厚黏层重度氯化物硫酸盐盐化浅色草甸土。

典型剖面（06-36）采自杜家庄乡杜家庄村，地下水位 1.2 米。

0～5 厘米：为褐色黏土，团粒结构，疏松多孔，孔隙和植物根系多。

5～25 厘米：为褐色黏土，块状结构，较紧，孔隙和植物根系多。

25～85 厘米：为黄褐色黏土，块状结构，紧实，孔隙中量，植物根系少。

85～140 厘米：为棕褐色黏，片状结构，坚硬，少孔隙，无植物根系。

全剖面有强烈的石灰反应。

④耕种硫酸盐氯化物盐化浅色草甸土：分布于净化、宁固、香乐、西王智、杜家庄、南政、王家庄、洪善等乡、村，面积 10 087 亩，占总土地面积的 0.53%。

耕种硫酸盐氯化物浅色草甸土地表褐色油状斑泽，俗称黑油碱，由于含硫酸盐类，所以常夹有白色结晶。地下水位 1 米左右。由于氯化物吸湿性强，表土常为潮湿状。对作物危害很大，不易捉苗，并且生长不好，最怕地皮雨，小雨过后，造成幼苗大批死亡，俗称碱拔死了，危害很大，较硫酸盐盐化土且难以改良。

本土属根据含盐量的多少，土体构型的不同划分为下列 7 个土种：耕种黏性深位厚沙层重度硫酸盐氯化物盐化浅色草甸土、耕种壤性深位厚黏层中度硫酸盐氯化物盐化浅色草甸土、耕种壤性重度硫酸盐氯化物盐化浅色草甸土、耕种壤性浅位薄沙层重度硫酸盐氯化物盐化浅色草甸土、耕种壤性浅位厚黏层重度硫酸盐氯化物盐化浅色草甸土、耕种壤性深位薄黏层重壤硫酸盐氯化物盐化浅色草甸土、耕种壤性深位厚层重度硫酸盐氯化物盐化浅色草甸土。

典型剖面（05‐10）取自宁固乡梁家堡村，地下水位 0.9 米。

0～5 厘米：为褐色轻壤，屑粒状结构，土体疏松，多孔，植物根系多。

5～15 厘米：为褐色轻壤，屑粒状结构，疏松，孔隙和植物根系多。

15～43 厘米：为棕褐色沙壤，屑粒状结构，稍松，孔隙和植物根系中量。

43～60 厘米：为棕褐色沙壤，屑粒状结构，稍松，孔隙和植物根系少。

60～77 厘米：为红褐色沙土，松散，孔隙和植物根少。

77～95 厘米：为红褐色中壤，块状结构，土体紧，孔隙和植物根系少。

95～120 厘米：为棕褐色重壤，块状结构，土体紧，孔隙和植物根系少。

全剖面石灰反应强。

⑤耕种苏打氯化物硫酸盐盐化浅色草甸土：分布在南政乡东、西刘村，面积 465 亩，占总土地面积的 0.025％。

此土以含硫酸盐为主，氯化物次之，还有少量的苏打。盐分组成复杂，只有 1 个土种：耕种沙性浅位厚粒层轻度苏打、氯化物、硫酸盐盐化浅色草甸土。

典型剖面取自南政乡东刘村，地下水位 1.75 米。

0～5 厘米：为黄褐色沙壤，块状结构，疏松，有较多的孔隙，植物根系不多，有石灰反应。

5～30 厘米：黄褐色沙壤，块状结构，较松，孔隙较多，植物根系少，有石灰反应。

30～45 厘米：为淡褐色沙壤，片状结构，土体紧，孔隙和植物根系少，有石灰反应。

45～115 厘米：为棕褐色重壤，块状结构，土体紧，孔隙少，无植物根系，石灰反应强。

115～150 厘米：为棕褐色中壤，块状结构，较松，孔隙中量，无植物根系，石灰反应强。

⑥氯化物硫酸盐苏打浅色草甸土：分布在洪善乡白家庄村，面积 795 亩，占总土地面积的 0.04％。

本土属为荒地，只有 1 个土种：壤性重度氯化物硫酸盐苏打盐化浅色草甸土。

典型剖面采自洪善乡白家庄村，地下水位 1.5 米左右。

0～5 厘米：为棕褐色中壤，团粒结构，土体松，孔隙和植物根系多。

5～40 厘米：为黄褐色轻壤，片状结构，土体紧，孔隙和植物根系均少。

40～150厘米：为黄褐色中壤，块状结构，土体较松，空隙多，无植物根系。

全剖面石灰反应强烈。

⑦耕种硫酸盐氯化物苏打盐化浅色草甸土：分布于南政乡南北庄村，面积165亩，占总土地面积的0.009%。

本土属只有1个土种：耕种壤性深位厚沙层重度硫酸盐氯化物苏打盐化浅色草甸土。

典型剖面取自南政乡南北庄村，地下水位2米。

0～5厘米：为褐色中壤，团粒结构，松散，多孔，植物根系多，石灰反应强。

5～37厘米：为褐色中壤，团粒结构，松散，多孔，植物根系中量，石灰反应强烈。

37～53厘米：黄褐色轻壤，屑粒状结构，土体紧，孔隙中量，植物根系少，石灰反应强烈。

53～115厘米：为黄褐色沙壤，屑粒状结构，土体紧，孔隙中量，无植物根系，石灰反应强。

115～150厘米：为红褐色黏土，块状结构，土体坚实，锈纹锈斑多，无植物根系，石灰反应强。

（三）盐土的形成与特征

盐土是本地区未经开垦碱荒地与盐化浅色草甸土呈复域分布状态，是本区盐分含量最高的土壤类型，0～20厘米表层土壤中一般含盐量达到或超过1%以上，全县面积16 529亩，占总土地面积的0.9%。

盐土有的是盐碱荒地，只能生产一些洗盐的耐盐植物，如盐吸、碱蓬等，也有相当面积为耕地，常与邻近盐碱较轻的地块一起耕种。种一些耐盐的作物，如糜子等，产量极低只有10多千克，在这部分耕地中也不是每年都耕种，往往因扎不住苗而弃耕或颗粒无收。

平遥县盐土属草甸土亚类，根据盐分组成的不同及利用方式划分为下列8个土属：氯化物盐土、耕种氯化物盐土、氯化物硫酸盐盐土、耕种硫酸盐氯化物盐土、硫酸盐苏打盐土、耕种氯化物苏打盐土、氯化物硫酸盐苏打盐土、耕种氯化物硫酸盐苏打盐土。

1. 氯化物盐土 分布于杜家庄乡辛村、阎长头村，面积1 080亩，占总土地面积的0.06%。此土属有2个土种：壤性氯化物盐土、壤性浅位薄黏层氯化物盐土。

这2个土种都是盐碱荒地，作物不能生长，只能长一些盐吸、碱蓬、芦苇、蒿草等，俗称黑碱土。

典型剖面取自杜家庄乡辛村，海拔为742米处，地下水位1.6米。

表层有0.5～1厘米的为盐结皮。

0～5厘米：为褐色轻壤，块状结构，土体紧，孔隙中量，稍润，植物根系中量。

5～40厘米：为褐色中壤，块状结构，土体紧润，植物根系中量。

40～78厘米：为黄褐色沙壤，块状结构，紧实，孔隙少，潮，有锈纹锈斑，植物根系少。

78～132厘米：为棕褐色中壤，块状结构，紧实，孔隙少，潮，植物根系少。

132～153厘米：为灰褐色沙壤，块状结构，坚实，孔隙少，湿，植物根系少。

全剖面石灰反应强烈。

2. 耕种氯化物盐土 分布于香乐乡薛靳村，面积2 335亩，占总土地面积的0.12%。

本土属只有 1 个土种：耕种黏性氯化物盐土。

春季返盐期作物不能扎苗，只是在 7 月雨季到来后，盐分有所下降时才能勉强种些糜子一类的耐盐作物，亩产一般只有 20～30 千克。

典型剖面取自香乐乡北薛靳村，海拔为 739 米处，地下水 1.2 米。

0～5 厘米：为黄褐色重壤，块状结构，土体松，孔隙少，润，植物根系中量。

5～30 厘米：为淡褐色中壤，块状结构，稍松，孔隙多，湿润，植物根系少。

30～60 厘米：为棕褐色重壤，屑粒状结构，土体紧，孔隙多，湿，基本无植物根系。

60～120 厘米：为黄褐色中壤，棱块状结构，松，孔隙少，湿，有少量的锈纹锈斑，无植物根系。

全剖面石灰反应强烈。

3. 氯化物硫酸盐盐土 分布在洪善乡东山湖，面积 435 亩，占总土地面积的 0.023%。本土属只有 1 个土种：壤性浅位厚沙层氯化物硫酸盐盐土。此土种为荒地，只能长些耐盐植物。

典型剖面取自洪善乡东山湖村，海拔为 748 米处，低下水位 2 米。

地表有斑状盐霜。

0～5 厘米：为褐色中壤，屑粒状结构，土体松，孔隙多，湿润，植物根系多。

5～17 厘米：为褐色中壤，屑粒状结构，土体松，孔隙多，湿润，植物根系多。

17～54 厘米：为灰褐色沙壤，块状结构，疏松，孔隙极少，湿，植物根系中量。

54～82 厘米：为红褐色黏土，块状结构，土体紧，孔隙极少，湿，锈纹锈斑多，植物根系少。

82～112 厘米：为棕褐色中壤，块状结构，土体紧，基本无孔隙，湿，有锈纹锈斑，植物根系少。

124～136 厘米：为褐色中壤，块状结构，稍松，孔隙极少，湿，无植物根系。

全剖面有强烈的石灰反应。

4. 耕种硫酸盐氯化物盐土 分布于香乐、洪善、净化、杜家庄等地，面积 8 659 亩，占总土地面积的 0.46%。本土属根据土体构型的不同划分为 3 个土种：壤性浅位厚黏层硫酸盐氯化物盐土、耕种壤性深位薄沙层硫酸盐氯化物盐土、耕种壤性深位厚沙层硫酸盐氯化物盐土。

农业利用为一年一作，种植小日照作物，亩产糜子 15 千克左右。

典型剖面取自香乐乡香乐村，海拔为 736 米处，地下水位 1.3 米。

表层具有斑状盐霜。

0～5 厘米：为黄褐色轻壤，屑粒状结构，土体松，孔隙多，润，植物根系中量，石灰反应强。

5～20 厘米：为黄褐色轻壤屑粒状结构，稍松，孔隙多，润，植物根系少，石灰反应强。

20～52 厘米：为黄褐色重壤，块状结构，土体紧，孔隙少，潮，基本无植物根系，石灰反应强烈。

52～77 厘米：黄褐色轻壤，块状结构，土体松，孔隙中量，湿，无植物根系，石灰反应强。

77～108厘米：为黄褐红色黏土，棱块结构，土体坚硬，孔隙少，湿，有少量的锈纹锈斑，无植物根系，石灰反应强烈。

108～150厘米：为黄褐色黏土，块状结构，土体紧，孔隙少，湿，无植物根系，石灰反应强。

5. 硫酸盐苏打盐土　分布在王家庄乡东游驾村，坑乡庞庄的局部洼地，面积2 385亩，占总土地面积的0.13%。按土体构型划分为2个土种：壤性硫酸盐苏打盐土、黏性硫酸盐苏打盐土。此土全部为弃耕荒地。植被为碱蓬，芦苇等。

典型剖面取自王家庄乡东游驾村，海拔为747米处，地下水位2米。

地表有白色的斑状盐霜。

0～5厘米：为深褐色中壤，屑粒状结构，疏松多孔，稍润，有少量植物根系。

5～48厘米：为棕褐色重壤，块状结构，稍紧，孔隙稍多，潮，植物根系多。

48～96厘米：为淡褐色中壤，块状结构，土体紧，孔隙中量，稍湿，植物根系中量。

96～131厘米：为浅褐色轻壤，块状结构，土体松，孔隙少，湿，植物根系少。

131～150厘米：为灰褐色中壤，块状结构，土体松，孔隙中量，湿，植物根系少。

全剖面石灰反应强烈。

6. 耕种氯化物苏打盐土　分布在达蒲乡道虎壁村，王家庄水库下游的河漫滩上，海拔为777米处。地下水位0.8米。农业利用为一年一作，种植糜子，亩产15～25千克，面积150亩，占总土地面积的0.008%。此土属只有1个土种：耕种壤性氯化物苏打盐土。

典型剖面取自道虎壁村上河沟。

表层具有斑状盐积皮。

0～20厘米：为灰褐色中壤，块状结构，土体松，孔隙少，湿，植物根系中量，石灰反应强。

20～50厘米：为棕褐色中壤，块状结构，土体松，无孔隙，湿，植物根系少，石灰反应强。

50～80厘米：为棕褐色中壤，块状结构，土体松，无孔隙，湿，无植物根系，石灰反应强烈。

7. 氯化物硫酸盐苏打盐土　分布在卜宜乡王家庄村，面积315亩，占总土地面积的0.017%。为盐碱荒地。本土只有1个土种：壤性深位厚黏层氯化物硫酸盐苏打盐土。

典型剖面取自卜宜乡王家庄村，海拔为785米处，地下水位0.7米，自然植被为芦苇等耐盐植物。

表层有白色斑状盐霜。

0～5厘米：为深褐色轻壤，块状结构，土体松，孔隙多，潮，植物根系多，石灰反应强。

5～25厘米：为棕褐色轻壤，块状结构，土体松，孔隙少，湿，植物根系多，石灰反应强烈。

25～48厘米：为棕褐色沙壤，屑粒状结构，土体松，植物根系少，有石灰反应。

48 厘米以下：为棕褐色重壤，块状结构，土体紧，孔隙少，湿，植物根系少，石灰反应强烈。

8. 耕种氯化物硫酸盐苏打盐土　分布在南政乡侯郭村，面积 1 170 亩，占总土地面积的 0.06％。农业利用为一年一作，产量水平亩产为 50 千克以下。本土属只有 1 个土种：耕种壤性氯化物硫酸盐苏打盐土。

典型剖面取自南政乡侯郭村，海拔为 745 米处，地下水位 2 米。

地表有斑状盐霜。

0～5 厘米：为棕褐色中壤，块状结构，土体松，孔隙中量，润，植物根系多。

5～20 厘米：为棕褐色轻壤，块状结构，土体松，孔隙中量，稍润，植物根系多。

20～35 厘米：为棕褐色轻壤，块状结构，土体松散，孔隙中量，稍润，植物根系少。

35～55 厘米：为浅棕色轻壤，块状结构，土体松散，孔隙少，稍润，无植物根系。

55～120 厘米：为棕褐色重壤，块状结构，土体紧，孔隙少，潮，无植物根系。

120～150 厘米：为灰棕色沙壤，土体松，孔隙少，潮湿，无植物根系。

全剖面石灰反应强烈。

四、土壤养分的相互关系

1. 土壤有机质　土壤有机质是土壤肥力的一个重要指标，在耕作土壤中，有机质和土壤肥力更为密切相关。土壤有机质的主要作用是：

（1）是土壤团聚体的胶结物，能促进团粒的形成提高协调水、肥、气、热的功能。

（2）可以降低土壤黏结力和黏着力、改良耕性、增加土壤持水量。

（3）能提高土壤阳离子的代换量，起吸附、代换、络合等缓冲作用，增加土壤保肥与供肥能力。

（4）是微生物活动的能源，并对作物生长期激素作用。

（5）土壤有机质中含有 N、P、K 等各种营养元素，是作物营养的主要来源。

2. 土壤氮素　土壤氮素是指土壤所含有机态氮和无机态氮的总和，经大量化验数据的统计分析，土壤的有机质和全氮含量相关性很好，由于有机质与全氮之间存在着高度相关关系，故一切影响有机质的因素均适于全氮，它也是土壤肥力主要的指标之一。

3. 土壤磷素　土壤全磷是土壤中的磷素之总和，也是植物生长所必需的营养元素，土壤中的全磷有水溶性、弱酸溶性、难溶性，在这些含磷的化合物中，只有水溶性和弱酸溶性的磷酸是作物能够吸收利用的，故又称为有效磷或速效磷，但数量不多，有机质的含磷化合物必须经过分解才能供作物吸收利用。本县土壤耕层土壤和全剖面全磷含量较高，通常万分之五左右，但速效磷仅百万分之五左右，占全磷含量的百分之一。这主要是平遥县石灰性土壤富含碳酸钙所致。

4. 土壤钾素　土壤中钾主要成无机形态存在，按其对作物有效程度划分为速效钾（包括水溶性钾、交换性钾）、缓效钾或迟效钾（次生物矿）、无效钾（原生物矿）3 种，它们之间存在着动态平衡，调节着钾对植物的供应。目前，全县土壤速效钾含量丰富，尚未成为生产上的障碍因素。

五、土壤养分的影响因素

土壤养分受气候、生物、土壤质地、母质耕作、施肥、种植制度等自然条件和人为因素的影响，特别是有机肥料的施用数量起着主导作用，因而表现出在地域分布上的不均性。

1. 地形与土壤养分　平遥的地形地貌可分为土石上区、丘陵沟谷、倾斜平原、冲积平原四大类。分布在这 4 个区域的耕种土壤，因生物气候、耕作制度和生产水平的差异，养分含量也不一致。

土壤有机质的高低顺序是山区＞一级阶地＞丘陵＞二级阶地；全氮的顺序是山区＞二级阶地＞一级阶地＞丘陵；速效磷生物顺序是山区＞丘陵＞二级阶地＞一级阶地；速效钾的顺序是山区＞丘陵＞二级阶地＞一级阶地。分布在山区的土壤，虽然生产水平不高，但因植被覆盖高，自然土壤、气候寒冷、土壤养分转化为率低，积累大于消耗，因而土壤养分相对地比其他任何地区为高。

2. 土壤母质与土壤成分　土壤母质对土壤的形成和肥力有着巨大的影响，在不同母质类型上形成的土壤其养分含量是有很大差异的，现以本县 5 个面积较大的主要成土母质加以说明，总的趋势是冲击母质＞黄土母质＞黄土状母质＞砂页岩母质＞石灰岩母质。

3. 土壤质地与土壤养分　土壤质地是土壤的重要的物理性质，是直接影响肥力的高低，耕性的好坏，生产性能优劣的基本因素之一，质地黏重的土壤，由于耕作困难，土体冷凉，不利于好气性的微生物活动，土壤有机质分解缓慢，可供作物吸收利用的较少，养分积累较多，在沙性土壤则相反。所以，表现出质地越黏，土壤养分含量越高的相关关系，据养分分析结果表明，土壤质地由沙至黏每增加一级，土壤有机质、全氮含量相应增加，速效钾也有增加的趋势，只有速效磷不一定有规律，可能是由于近几年施磷肥之故。

4. 土体构型与土壤养分　土体构型与水、肥、气、热的上下运行，水、肥的储藏与流失的很大关系。

现以耕种浅色草甸土、耕种盐化浅色草甸土的 9 个不同土体构型的土种来看其养状况，从 5 个通体构型的土壤中，土壤养分从通沙壤性至通黏性有增加的趋势；漏沙型、沙底型的土壤养分要比表层质地相同的通体型土壤养分要低。其原因与沙层渗漏养分的关。

5. 土壤类型与土壤养分分含量　不同土壤类型与土壤养分分含量有明显的差异，各个土壤类的有机含量由高到低的顺序是：淋溶褐土＞山地褐土＞盐化浅色草甸土＞浅色草甸土＞淡褐土性土＞淡褐土和草甸盐土．全氮含量的顺序是淋溶褐土＞盐化浅色草甸土＞淡褐土性土＞山地褐土＞淡褐土＞浅色草甸土。速效磷的含量顺序是淋溶褐土＞淡褐土性土＞淡褐土＞盐化浅色草甸土＞草甸盐土＞浅色草甸土＞山地褐土。

6. 不同盐碱程度的土壤养分　在盐碱地，由于盐碱程度的不同，土壤养分及产量不平中不尽相同的，有机质、全氮随盐碱程度的加重而有减少的趋势，而速效养分则无一定规律。产量水平随盐碱程度加重而减少的规律更为显著。

7. 盐分组成与土壤养分含量的不同　有机质、全氮、速效钾在硫酸盐、氯化物、苏打为主的盐渍土中含量规律是硫酸盐＞氯化物＞苏打，而速效磷的含量却中苏打＞氯化物＞硫酸盐。

8. 施肥管理水平与土壤养分　农作物产量的高低，因素是多方面的，但主要与土壤养分含量有关，而人为的耕作管理水平又直接影响了耕种土壤中的养分含量。这次土壤普查的资料说明，土壤养分含量与施肥水平、人为耕种有一定的关系，从汾河灌区的南政、王家庄、洪善，井水灌区的城关、岳壁、沿村堡，丘陵山区的辛村、南依涧乡对比即可看出，人均地少，施肥水平高，土壤养分含量高，产量水平也高的规律。

平遥县新旧土种对照见表3-1。

表3-1　平遥县新旧土种对照

旧序号	旧土类	旧土属	旧土种	新序号	新土类	新亚类	新土种
1	褐土	砂页岩质淋溶褐土	中层沙壤砂页岩质淋溶褐土	1	褐土	淋溶褐土	沙泥质淋土
2	褐土	砂页岩质淋溶褐土	中层轻壤砂页岩质淋溶褐土	2	褐土	淋溶褐土	沙泥质淋土
3	褐土	砂页岩质山地土	薄层轻壤少砾砂页岩质山地褐土	2	褐土	褐土性土	薄沙泥质立黄土
5	褐土	砂页岩质山地土	薄层中壤少砾砂页岩质山地褐土	2	褐土	褐土性土	薄沙泥质立黄土
4	褐土	砂页岩质山地土	薄层轻壤多砾砂页岩质山地褐土	3	褐土	褐土性土	沙泥质立黄土
6	褐土	砂页岩质山地土	中层轻壤砂页岩质山地褐土	3	褐土	褐土性土	沙泥质立黄土
7	褐土	砂页岩质山地土	中层中壤少砾砂页岩质山地褐土	3	褐土	褐土性土	沙泥质立黄土
8	褐土	砂页岩质山地土	中层中壤多砾砂页岩质山地褐土	3	褐土	褐土性土	沙泥质立黄土
24	褐土	耕种沟淤山地土	耕种厚层轻壤沟淤山地褐土	3	褐土	褐土性土	沙泥质立黄土
9	褐土	耕种砂页岩质山地褐土	耕种中层沙壤少砾砂页岩质山地褐土	4	褐土	褐土性土	耕砾沙泥质立黄土
10	褐土	耕种砂页岩质山地褐土	耕种中层轻壤砂页岩质山地褐土	4	褐土	褐土性土	耕砾沙泥质立黄土
11	褐土	耕种砂页岩质山地褐土	耕种中层轻壤少砾砂页岩质山地褐土	4	褐土	褐土性土	耕砾沙泥质立黄土
12	褐土	耕种砂页岩质山地褐土	耕种中层轻壤多砾砂页岩质山地褐土	5	褐土	褐土性土	耕沙泥质立黄土
13	褐土	耕种砂页岩质山地褐土	耕种厚层轻壤砂页岩质山地褐土	5	褐土	褐土性土	耕沙泥质立黄土
14	褐土	耕种砂页岩质山地褐土	耕种厚层中壤多砾砂页岩质山地褐土	5	褐土	褐土性土	耕沙泥质立黄土
15	褐土	石灰岩质山地褐土	薄层重壤多砾石灰岩质山地褐土	6	褐土	褐土性土	薄砾灰泥质立黄土
20	褐土	黄土质山地褐土	厚层中壤黄土质山地褐土	7	褐土	褐土性土	灰泥质立黄土
16	褐土	石灰岩质山地褐土	中层重壤石灰岩质山地褐土	8	褐土	褐土性土	薄立黄土

（续）

旧序号	旧土类	旧土属	旧土种	新序号	新土类	新亚类	新土种
17	褐土	黄土质山地褐土	薄层中壤黄土质山地褐土	8	褐土	褐土性土	薄立黄土
18	褐土	黄土质山地褐土	薄层中壤多料姜黄土质山地褐土	8	褐土	褐土性土	薄立黄土
19	褐土	黄土质山地褐土	中层轻壤黄土质山地褐土	9	褐土	褐土性土	立黄土
21	褐土	耕种黄土质山地褐土	耕种厚层中壤黄土质山地褐土	10	褐土	褐土性土	耕立黄土
23	褐土	耕种红黄土质山地褐土	耕种厚层中壤红黄土质山地褐土	10	褐土	褐土性土	耕立黄土
25	褐土	耕种黄土质褐土性土	耕种轻壤黄土质褐土性土	10	褐土	褐土性土	耕立黄土
26	褐土	耕种黄土质褐土性土	耕种中壤黄土质褐土性土	10	褐土	褐土性土	耕立黄土
29	褐土	耕种洪积褐土性土	耕种轻壤洪积褐土性土	10	褐土	褐土性土	耕立黄土
22	褐土	红黄土质山地褐土	中层重壤多料姜红黄土质山地褐土	11	褐土	褐土性土	二合红立黄土
27	褐土	耕种沟淤褐土性土	耕种中壤沟淤褐土性土	12	褐土	褐土性土	沟淤土
28	褐土	耕种沟淤褐土性土	耕种轻壤浅位薄砂层沟淤褐土性土	12	褐土	褐土性土	沟淤土
30	褐土	耕种洪积褐土性土	耕种中壤洪积褐土性土	13	褐土	褐土性土	耕洪立黄土
31	褐土	耕种黑垆土型褐土性土	耕种浅位厚黏层轻壤黑垆土型褐土性土	14	褐土	褐土性土	耕黑立黄土
34	褐土	耕种黄土状淡褐土	耕种中壤黄土状淡褐土	15	褐土	石灰性褐土	深黏黄垆土
36	褐土	耕种黄土状淡褐土	耕种沙壤浅位薄卵石层黄土状淡褐土	15	褐土	石灰性褐土	深黏黄垆土
32	褐土	耕种黄土状淡褐土	耕种沙壤黄土状淡褐土	16	褐土	石灰性褐土	二合黄垆土
35	褐土	耕种黄土状淡褐土	耕种重壤黄土状淡褐土	16	褐土	石灰性褐土	二合黄垆土
33	褐土	耕种黄土状淡褐土	耕种轻壤黄土状淡褐土	17	褐土	石灰性褐土	浅黏黄垆土
37	褐土	耕种黄土状淡褐土	耕种沙壤浅位中黏层黄土状淡褐土	17	褐土	石灰性褐土	浅黏黄垆土
38	褐土	耕种黄土状淡褐土	耕种沙壤深位厚壤层黄土状淡褐土	17	褐土	石灰性褐土	浅黏黄垆土
39	褐土	耕种黄土状淡褐土	耕种中壤深位厚沙层黄土状淡褐土	17	褐土	石灰性褐土	浅黏黄垆土
40	褐土	耕种黄土状淡褐土	耕种重壤深位中沙层黄土状淡褐土	17	褐土	石灰性褐土	浅黏黄垆土
41	褐土	耕种黄土质淡褐土	耕种轻壤黄土质淡褐土	18	褐土	石灰性褐土	深黏垍黄垆土
42	褐土	耕种沟淤淡褐土	耕种沙壤沟淤淡褐土	19	褐土	石灰性褐土	洪黄垆土
43	褐土	耕种沟淤淡褐土	耕种轻壤沟淤淡褐土	19	褐土	石灰性褐土	洪黄垆土
44	草甸土	耕种褐土化浅色草甸土	耕种中壤腰沙褐土化浅色草甸土	20	潮土	脱潮土	耕脱潮土

（续）

旧序号	旧土类	旧土属	旧土种	新序号	新土类	新亚类	新土种
45	草甸土	耕种褐土化浅色草甸土	耕种轻壤褐土化浅色草甸土	20	潮土	脱潮土	耕脱潮土
53	草甸土	耕种浅色草甸土	耕种沙壤腰石浅色草甸土	21	潮土	潮土	绵潮土
46	草甸土	耕种浅色草甸土	耕种沙壤浅色草甸土	21	潮土	潮土	绵潮土
47	草甸土	耕种浅色草甸土	耕种轻壤浅色草甸土	21	潮土	潮土	绵潮土
48	草甸土	耕种浅色草甸土	耕种中壤浅色草甸土	21	潮土	潮土	绵潮土
51	草甸土	耕种浅色草甸土	耕种沙壤腰黏浅色草甸土	21	潮土	潮土	绵潮土
55	草甸土	耕种浅色草甸土	耕种重壤体浅色草甸土	21	潮土	潮土	绵潮土
59	草甸土	耕种浅色草甸土	耕种中壤漏沙浅色草甸土	21	潮土	潮土	绵潮土
62	草甸土	耕种浅色草甸土	耕种轻壤沙底浅色草甸土	21	潮土	潮土	绵潮土
66	草甸土	耕种浅色草甸土	耕种沙壤壤底浅色草甸土	21	潮土	潮土	绵潮土
49	草甸土	耕种浅色草甸土	耕种重壤浅色草甸土	22	潮土	潮土	耕二合潮土
58	草甸土	耕种浅色草甸土	耕种轻壤漏沙浅色草甸土	22	潮土	潮土	耕二合潮土
50	草甸土	耕种浅色草甸土	耕种黏土浅色草甸土	23	潮土	潮土	黏潮土
60	草甸土	耕种浅色草甸土	耕种黏土漏沙浅色草甸土	23	潮土	潮土	黏潮土
57	草甸土	耕种浅色草甸土	耕种中壤黏体浅色草甸土	24	潮土	潮土	蒙金潮土
56	草甸土	耕种浅色草甸土	耕种黏土壤体浅色草甸土	24	潮土	潮土	蒙金潮土
52	草甸土	耕种浅色草甸土	耕种轻薄黏体浅色草甸土	25	潮土	潮土	底黏潮土
67	草甸土	耕种浅色草甸土	耕种沙壤黏底浅色草甸土	25	潮土	潮土	底黏潮土
68	草甸土	耕种浅色草甸土	耕种轻壤黏底浅色草甸土	25	潮土	潮土	底黏潮土
54	草甸土	耕种浅色草甸土	耕种重壤腰沙浅色草甸土	26	潮土	潮土	夹砾潮土
61	草甸土	耕种浅色草甸土	耕种沙壤卵底浅色草甸土	27	潮土	潮土	底砾潮土
64	草甸土	耕种浅色草甸土	耕种重壤沙底浅色草甸土	28	潮土	潮土	底沙潮土
65	草甸土	耕种浅色草甸土	耕种黏土沙底浅色草甸土	29	潮土	潮土	底沙黏潮土
63	草甸土	耕种浅色草甸土	耕种中壤沙底浅色草甸土	29	潮土	潮土	底沙黏潮土
69	草甸土	耕种沼泽化浅色草甸土	耕种中壤沼泽化浅色草甸土	30	潮土	湿潮土	潮湿土
84	草甸土	耕种硫酸盐氯化物盐化浅色草甸土	耕种黏性深位厚沙层中度硫酸盐氯化物盐化浅色草甸土	31	潮土	盐化潮土	耕轻白盐潮土
79	草甸土	耕种氯化物硫酸盐盐化浅色草甸土	耕种黏性中度氯化物、硫酸盐盐化浅色草甸土	31	潮土	盐化潮土	耕轻白盐潮土
70	草甸土	耕种硫酸盐盐化浅色草甸土	耕种壤性轻度硫酸盐盐化浅色草甸土	31	潮土	盐化潮土	耕轻白盐潮土
77	草甸土	耕种氯化物硫酸盐盐化浅色草甸土	耕种壤性深位厚沙层轻度氯化物硫酸盐盐化浅色草甸土	31	潮土	盐化潮土	耕轻白盐潮土
78	草甸土	耕种氯化物硫酸盐盐化浅色草甸土	耕种沙性深位厚黏层轻度氯化物硫酸盐盐化浅色草甸土	31	潮土	盐化潮土	耕轻白盐潮土

（续）

旧序号	旧土类	旧土属	旧土种	新序号	新土类	新亚类	新土种
71	草甸土	耕种硫酸盐盐化浅色草甸土	耕种壤性浅位厚沙层中度硫酸盐盐化浅色草甸土	32	潮土	盐化潮土	耕中白盐潮土
73	草甸土	耕种硫酸盐盐化浅色草甸土	耕种沙性深位薄黏层中度硫酸盐盐化浅色草甸土	32	潮土	盐化潮土	耕中白盐潮土
74	草甸土	耕种硫酸盐盐化浅色草甸土	耕种壤性深位厚沙层中度硫酸盐盐化浅色草甸土	32	潮土	盐化潮土	耕中白盐潮土
80	草甸土	耕种氯化物硫酸盐盐化浅色草甸土	耕种壤性深位厚沙层中度氯化物、硫酸盐盐化浅色草甸土	32	潮土	盐化潮土	耕中白盐潮土
83	草甸土	耕种氯化物硫酸盐盐化浅色草甸土	耕种壤性深位厚黏层重度氯化物硫酸盐盐化浅色草甸土	32	潮土	盐化潮土	耕中白盐潮土
72	草甸土	耕种硫酸盐盐化浅色草甸土	耕种黏性浅位厚沙层中度硫酸盐盐化浅色草甸土	33	潮土	盐化潮土	夹沙中白盐潮土
75	草甸土	氯化物硫酸盐盐化浅色草甸土	黏性深位厚沙层重度氯化物硫酸盐盐化浅色草甸土	34	潮土	盐化潮土	黏重白盐潮土
76	草甸土	耕种氯化物硫酸盐盐化浅色草甸土	耕种黏性轻度氯化物硫酸盐盐化浅色草甸土	35	潮土	盐化潮土	黏轻白盐潮土
94	草甸土	耕种硫酸盐氯化物苏打盐化浅色草甸土	耕种壤性深位厚沙层重度硫酸盐氯化物苏打盐化浅色草甸土	36	潮土	盐化潮土	黏中白盐潮土
81	草甸土	耕种氯化物硫酸盐盐化浅色草甸土	耕种壤性浅位厚沙层重度氯化物硫酸盐盐化浅色草甸土	37	潮土	盐化潮土	耕重白盐潮土
82	草甸土	耕种氯化物硫酸盐盐化浅色草甸土	耕种壤性浅位厚黏层重度氯化物硫酸盐盐化浅色草甸土	37	潮土	盐化潮土	耕重白盐潮土
85	草甸土	耕种硫酸盐氯化物盐化浅色草甸土	耕种壤性深位厚黏层中度硫酸盐氯化物盐化浅色草甸土	38	潮土	盐化潮土	中盐潮土
86	草甸土	耕种硫酸盐氯化物盐化浅色草甸土	耕种壤性重度硫酸盐氯化物盐化浅色草甸土	39	潮土	盐化潮土	重盐潮土
87	草甸土	耕种硫酸盐氯化物盐化浅色草甸土	耕种黏性深位厚沙层中度硫酸盐氯化物盐化浅色草甸土	39	潮土	盐化潮土	重盐潮土
88	草甸土	耕种硫酸盐氯化物盐化浅色草甸土	耕种壤性浅位薄沙层重度硫酸盐氯化物盐化浅色草甸土	39	潮土	盐化潮土	重盐潮土
89	草甸土	耕种硫酸盐氯化物盐化浅色草甸土	耕种壤性浅位厚沙层重度硫酸盐氯化物盐化浅色草甸土	39	潮土	盐化潮土	重盐潮土
90	草甸土	耕种硫酸盐氯化物盐化浅色草甸土	耕种壤性深位薄黏层重壤硫酸盐氯化物盐化浅色草甸土	39	潮土	盐化潮土	重盐潮土
91	草甸土	耕种硫酸盐氯化物盐化浅色草甸土	耕种壤性深位厚沙层重度硫酸盐氯化物盐化浅色草甸土	39	潮土	盐化潮土	重盐潮土
92	草甸土	耕种苏打氯化物硫酸盐盐化浅色草甸土	耕种沙性浅位厚粒层轻度苏打氯化物硫酸盐盐化浅色草甸土	40	潮土	盐化潮土	轻混盐潮土

（续）

旧序号	旧土类	旧土属	旧土种	新序号	新土类	新亚类	新土种
93	草甸土	氯化物硫酸盐苏打盐化浅色草甸土	壤性重度氯化物硫酸盐苏打盐化浅色草甸土	40	潮土	盐化潮土	轻混盐潮土
96	草甸土	氯化物盐土	壤性浅位薄黏层氯化物盐土	41	盐土	草甸盐土	黑油盐土
95	草甸土	氯化物盐土	壤性氯化物盐土	41	盐土	草甸盐土	黑油盐土
97	草甸土	耕种氯化物盐土	耕种黏性氯化物盐土	41	盐土	草甸盐土	黑油盐土
98	草甸土	氯化物硫酸盐盐土	壤性浅位厚沙层氯化物硫酸盐盐土	42	盐土	草甸盐土	灰盐土
101	草甸土	耕种硫酸盐氯化物盐土	耕种壤性深位厚沙层硫酸盐氯化物盐土	42	盐土	草甸盐土	灰盐土
99	草甸土	耕种硫酸盐氯化物盐土	壤性浅位厚黏层硫酸盐氯化物盐土	43	盐土	草甸盐土	黑盐土
100	草甸土	耕种硫酸盐氯化物盐土	壤种壤性深位薄沙层硫酸盐氯化物盐土	43	盐土	草甸盐土	黑盐土
102	草甸土	硫酸盐苏打盐土	壤性硫酸盐苏打盐土	44	盐土	草甸盐土	苏打白盐土
103	草甸土	硫酸盐苏打盐土	黏性硫酸盐苏打盐土	44	盐土	草甸盐土	苏打白盐土
104	草甸土	耕种氯化物苏打盐土	耕种壤性氯化物苏打盐土	44	盐土	草甸盐土	苏打白盐土
105	草甸土	氯化物硫酸盐苏打盐土	壤性深位厚黏层氯化物硫酸盐苏打盐土	44	盐土	草甸盐土	苏打白盐土
106	草甸土	耕种氯化物硫酸盐苏打盐土	耕种壤性氯化物硫酸盐苏打盐土	44	盐土	草甸盐土	苏打白盐土

第二节　有机质及大量元素

土壤大量元素背景值的表达方式以各统计单元养分汇总结果的算术平均值和标准差来表示，分别以单体 N、P、K 表示。表示单位：有机质、全氮用克/千克表示，有效磷、速效钾、缓效钾用毫克/千克表示。

土壤有机质、全氮、有效磷、速效钾等以《山西省耕地土壤养分含量分级参数表》为标准各分 6 个级别。见表 3-2。

表 3-2　山西省耕地地力土壤养分分级标准

级　别	I	II	III	IV	V	VI
有机质（克/千克）	>25.00	20.01~25.00	15.01~20.00	10.01~15.00	5.01~10.00	≤5.00
全氮（克/千克）	>1.50	1.201~1.50	1.001~1.200	0.701~1.000	0.501~0.70	≤0.50
有效磷（毫克/千克）	>25.00	20.01~25.00	15.10~20.00	10.10~15.00	5.10~10.00	≤5.00
速效钾（毫克/千克）	>250	201.00~250.00	151.00~200.00	101.00~150.00	51.00~100.00	≤50.00

（续）

级 别	I	II	III	IV	V	VI
缓效钾（毫克/千克）	>1 200	901.00～1 200.00	601.00～900.00	351.00～600.00	151.00～350.00	≤150.00
阳离子代换量（厘摩尔/千克）	>20.00	15.01～20.00	12.01～15.00	10.01～12.00	8.01～10.00	≤8.00
有效铜（毫克/千克）	>2.00	1.51～2.00	1.01～1.51	0.51～1.00	0.21～0.50	≤0.20
有效锰（毫克/千克）	>30.00	20.01～30.00	15.01～20.00	5.01～15.00	1.01～5.00	≤1.00
有效锌（毫克/千克）	>3.00	1.51～3.00	1.01～1.50	0.51～1.00	0.31～0.50	≤0.30
有效铁（毫克/千克）	>20.00	15.01～20.00	10.01～15.00	5.01～10.00	2.51～5.00	≤2.50
有效硼（毫克/千克）	>2.00	1.51～2.00	1.01～1.50	0.51～1.00	0.21～0.50	≤0.20
有效钼（毫克/千克）	>0.30	0.26～0.30	0.21～0.25	0.16～0.20	0.11～0.15	≤0.10
有效硫（毫克/千克）	>200.00	100.10～200	50.10～100.00	25.10～50.00	12.10～25.00	≤12.00
有效硅（毫克/千克）	>250.00	200.10～250.00	150.10～200.00	100.10～150.00	50.10～100.00	≤50.00
交换性钙（克/千克）	>15.00	10.01～15.00	5.01～10.00	1.01～5.00	0.51～1.00	≤0.50
交换性镁（克/千克）	>1.00	0.76～1.00	0.51～0.75	0.31～0.50	0.06～0.30	≤0.05

一、含量与分布

（一）有机质

土壤有机质是土壤肥力的重要物质基础之一。土壤中的动植物、微生物残体和有机肥料是土壤有机质的基本来源。经过微生物分解和再合成的腐殖质是有机质的主要成分。占有机质总量的70%～90%。土壤有机质是植物营养元素的源泉，调节着土壤营养状况，影响着土壤中水、肥、气、热的各种性状。同时，腐殖质参与了植物的生理和生化过程，并且具有对植物产生刺激或抑制作用的特殊功能。有机质还能改善沙土过沙、黏土过紧等不良物理性状。因此，土壤有机质含量通常作为衡量土壤肥力的重要指标。

平遥县耕地土壤有机质含量变化为5.67～30.08克/千克，平均值为13.93克/千克，属四级水平。见表3-3。

（1）不同行政区域：段村镇平均值最高，为19.26克/千克；其次是中都乡，平均值为17.67克/千克；最低是朱坑乡，平均值为10.15克/千克。

（2）不同地形部位：河流一级、二级阶地最高，为14.22克/千克；最低是低山丘陵坡地，平均值为12.94克/千克。

（3）不同土壤类型：薄砾灰泥质立黄土最高，平均值为18.02克/千克；其次是黏中白盐潮土，平均值为16.34克/千克；潮湿土最低，平均值为9.32克/千克。

（4）不同成土母质：冲积物最高，平均值为14.72克/千克；其次为洪积物，平均值为14.23克/千克；最低是黄土母质，平均值为13.05克/千克。

（二）全氮

氮素是植物生长所必需的三要素之一。土壤中氮素的积累，主要来源是动植物残体，施入的肥料，土壤中微生物的固定以及大气降水进入土壤中的氮素。

土壤中氮素的形态有无机态氮和有机态氮两种类型。无机氮很容易被植物吸收利用，是速效性养分，一般占全氮量的 5％左右；有机态氮不能直接被植物吸收利用，必须经过微生物的分解转变为无机态氮以后，才能被植物吸收利用，是迟效养分，一般占全氮量的95％左右。

平遥县土壤全氮含量变化范围为 0.52～2.09 克/千克，平均含量为 1 克/千克，属四级水平。见表 3-3。

(1) 不同行政区域：洪善镇最高，平均值为 1.3 克/千克；其次是段村镇，平均值为1.09 克/千克；最低是香乐乡，平均值为 0.83 克/千克。

(2) 不同地形部位：河流一级、二级阶地最高，平均值为 1.01 克/千克；最低是低山丘陵坡地，平均值为 0.94 克/千克。

(3) 不同土壤类型：中盐潮土最高，平均值为 1.24 克/千克；其次是耕脱潮土，平均值为 1.17 克/千克；底砾潮土最低，平均值为 0.79 克/千克。

(4) 不同成土母质：洪积物最高，平均值为 1.02 克/千克；其次为冲积物，平均值为1.01 克/千克；最低是黄土母质，平均值为 0.95 克/千克。

(三) 有效磷

磷是动植物体内的不可缺少的重要元素。它对动植物的新陈代谢，能量转化，酸碱反应都起着重要作用，磷还可以促进植物对氮素的吸收利用。所以，磷也是植物所需要的"三要素"之一。

土壤中有效磷所包括的含磷化合物有水溶性磷化合物和弱酸磷化合物。此外，被吸附在土壤胶体上的磷酸根阴离子也可以被代换出来供植物吸收。据有关资料介绍，在北方中性和微碱性土壤上，通常认为，土壤中有效磷（P_2O_5）小于 5 毫克/千克为供应水平较低，5～10 毫克/千克为供应水平中等，大于 15 毫克/千克为供应水平较高。

平遥县有效磷含量变化范围为 1.96～46.1 毫克/千克，平均值为 14.13 毫克/千克，属四级水平。见表 3-3。

(1) 不同行政区域：南政乡最高，平均值为 16.67 毫克/千克；其次是古陶镇，平均值为 16.64 毫克/千克；最低是宁固镇，平均值为 10.31 毫克/千克。

(2) 不同地形部位：河流一级、二级阶地最高，平均值为 14.56 毫克/千克；最低是低山丘陵坡地，平均值为 12.25 毫克/千克。

(3) 不同土壤类型：耕脱潮土最高，平均值为 20.03 毫克/千克；其次是耕黑立黄土，平均值为 19.98 毫克/千克；湿潮土最低，平均值为 7.94 毫克/千克。

(4) 不同成土母质：冲积物最高，平均值为 14.76 毫克/千克；其次为洪积物，平均值为 14.28 毫克/千克；最低是黄土母质，平均值为 12.74 毫克/千克。见表 3-3。

(四) 速效钾

钾素也是植物生长所必需的重要养分之一。它在土壤中的存在有速效性、迟效性和难溶性的三种形态。能为当季作物利用的主要是速效钾，所以，常以速效钾作为当季土壤钾素供应水平的主要指标。通常认为，土壤速效钾（包括水溶性钾和代换性钾）的含量（以K_2O 计）小于 80 毫克/千克为供应水平较低，80～150 毫克/千克供应水平为中等，大于150 毫克/千克供应水平为较高。

表3-3　平遥县大田土壤大量元素分类统计结果

类别		有机质（克/千克）		全氮（克/千克）		有效磷（毫克/千克）		速效钾（毫克/千克）		缓效钾（毫克/千克）	
		平均值	区域值	平均值	区域值	平均值	区域值	平均值	区域值	平均值	区域值
土种	薄立黄土	15.84	8.34~25.93	0.99	0.73~1.20	12.45	8.10~19.77	127.93	96.82~167.33	424.42	367.60~566.80
	薄砾灰泥质立黄土	18.02	17.34~20.68	1.10	1.07~1.20	12.55	12.10~18.43	104.54	104.27~110.80	400.80	400.80~400.80
	薄沙泥质立黄土	11.57	8.34~15.34	0.91	0.72~1.22	13.99	5.77~20	144.70	123.87~250.00	557.07	341.53~660.79
	潮湿土	9.32	8.01~10.34	0.80	0.73~0.83	7.94	6.77~9.43	108.94	96.82~123.87	455.03	434.00~483.80
	底砾潮土	10.40	10.00~10.68	0.79	0.77~0.82	14.71	10.77~18.43	115.16	107.53~123.87	406.33	400.80~417.40
	底沙潮土	13.75	8.01~20.68	0.97	0.57~1.38	14.02	5.43~31.56	189.88	117.33~318.98	472.20	307.64~800.30
	底沙黏潮土	15.12	8.34~29.16	1.04	0.68~1.50	16.10	4.24~36.41	166.30	101.00~334.08	486.64	324.58~660.79
	底黏潮土	14.83	8.68~23.01	0.94	0.63~1.30	13.90	5.10~26.72	174.28	114.07~303.87	552.24	256.81~760.44
	二合红立黄土	15.64	14.68~16.34	1.00	0.98~1.04	9.20	8.43~9.77	100.30	100.00~101.00	375.90	367.60~384.20
	二合黄垆土	15.80	11.34~27.32	1.03	0.73~1.62	19.88	7.10~39.64	213.52	167.33~303.87	510.85	324.58~660.79
	耕二合潮土	14.12	9.01~27.32	0.95	0.68~1.38	13.85	6.43~34.79	174.64	104.27~258.55	473.67	333.06~720.58
	耕黑立黄土	19.02	17.34~21.01	1.08	0.94~1.22	19.98	13.77~22.77	174.97	127.13~204.27	446.25	341.53~533.6
	耕洪立黄土	14.95	10.00~21.34	1.09	0.80~1.56	19.00	9.10~31.56	155.39	107.53~273.66	474.28	333.06~700.65
	耕立黄土	13.21	5.68~30.08	0.96	0.52~1.91	13.03	2.98~46.10	148.23	84.11~311.42	496.68	282.22~899.95
	耕砾沙泥质立黄土	12.54	8.34~20.68	0.96	0.73~1.20	12.34	6.10~18.10	141.61	104.27~173.87	512.92	350.00~660.79
	耕轻白盐潮土	14.23	7.34~26.85	1.11	0.65~1.91	13.82	1.96~41.25	187.52	110.80~318.98	472.10	324.58~820.23
	耕沙泥质立黄土	12.49	11.01~17.68	0.92	0.85~1.08	15.11	6.43~17.77	140.69	100.00~177.13	557.77	384.20~660.79
	耕脱潮土	17.70	12.68~24.68	1.17	0.85~1.56	20.30	6.10~39.64	200.44	130.40~266.11	579.81	450.60~780.37
	耕中白盐潮土	12.94	6.34~19.68	1.02	0.39~2.09	13.09	2.22~34.79	170.09	61.86~288.76	451.35	316.11~780.37
	耕重白盐潮土	10.41	7.68~14.34	1.12	0.65~2.03	16.21	8.43~31.56	143.65	100.00~230.40	456.98	290.70~600.00
	沟淤土	10.95	8.01~22.01	0.87	0.68~1.30	13.41	4.75~31.56	154.89	114.07~233.67	534.88	333.06~680.72
	黑盐土	13.22	8.01~20.34	1.03	0.63~1.62	14.16	5.00~33.18	164.18	110.80~251.00	480.24	307.64~620.93

（续）

类　别	有机质（克/千克）		全氮（克/千克）		有效磷（毫克/千克）		速效钾（毫克/千克）		缓效钾（毫克/千克）	
	平均值	区域值	平均值	区域值	平均值	区域值	平均值	区域值	平均值	区域值
黑油盐土	11.30	9.34～17.01	0.88	0.77～1.22	9.68	4.75～17.10	160.27	127.13～193.47	506.73	400.80～620.93
洪黄炉土	15.61	10.34～23.01	1.01	0.75～1.30	13.43	2.98～26.72	173.26	100.00～258.55	462.06	367.60～660.79
灰泥质立黄土	15.25	12.34～18.68	0.99	0.86～1.28	10.47	8.10～15.43	107.76	100.00～164.07	383.76	367.60～566.80
灰盐土	10.90	9.34～14.34	0.87	0.77～1.62	13.74	8.10～23.77	158.68	130.40～207.53	465.30	400.80～533.60
夹砾潮土	11.94	8.01～15.34	0.95	0.52～1.68	11.42	3.73～22.10	152.88	74.57～210.80	455.55	333.06～640.86
夹沙中白盐潮土	15.82	9.68～18.68	1.23	0.75～1.91	11.10	7.43～21.10	187.03	127.13～273.66	473.82	367.60～660.79
立黄土	13.73	10.00～17.34	0.94	0.77～1.19	11.68	6.43～22.77	117.86	100.00～150.00	460.64	367.60～740.51
蒙金潮土	14.48	8.68～20.00	1.00	0.72～1.36	17.03	7.43～26.72	205.37	114.07～311.42	511.40	400.80～680.72
绵潮土	13.45	7.01～27.32	0.96	0.60～1.79	14.16	2.72～38.02	164.90	90.46～281.21	477.71	290.70～840.16
浅黏黄炉土	15.67	8.68～23.68	1.15	0.82～1.50	13.81	6.10～38.02	184.47	117.33～233.67	508.77	341.53～660.79
轻混盐潮土	15.79	11.01～24.01	0.99	0.80～1.28	17.10	9.10～24.10	220.27	173.87～288.76	511.07	434.00～583.40
沙泥质立黄土	13.31	8.34～20.68	0.95	0.70～1.36	12.77	6.10～41.25	132.59	100.00～236.93	504.16	341.53～780.37
沙泥质潮淋土	13.58	11.01～15.34	0.92	0.83～0.98	12.79	8.77～17.43	127.75	100.00～177.13	471.05	384.20～660.79
深黏黄炉土	15.17	7.01～27.32	1.02	0.57～1.79	13.86	2.22～39.64	181.67	93.64～341.63	491.41	282.22～800.30
深黏垣黄炉土	10.15	9.01～12.01	0.80	0.62～0.90	12.13	5.43～19.77	161.90	90.46～207.53	540.97	483.80～640.86
苏打白盐土	13.28	9.34～16.34	0.93	0.73～1.28	14.01	4.75～23.10	169.77	104.27～266.11	540.92	400.80～640.86
黏潮土	15.44	8.68～24.68	0.98	0.63～1.56	15.12	3.48～44.48	178.45	100.00～296.32	488.02	367.60～700.65
黏轻白盐潮土	15.61	13.01～19.34	1.04	0.91～1.32	12.23	4.49～23.43	184.80	151.00～227.13	513.47	307.64～780.37
黏中白盐潮土	16.34	16.34～16.34	1.04	1.04～1.04	23.10	23.10～23.10	170.60	170.60～170.60	550.20	550.20～550.20
黏重白盐潮土	10.89	9.68～11.34	0.81	0.75～0.88	11.69	8.10～18.43	145.30	127.13～173.87	463.29	434.00～500.40
中盐潮土	9.37	8.68～11.34	1.24	0.73～1.91	18.45	9.77～33.18	124.28	110.80～146.73	378.77	265.28～500.40
重盐潮土	12.45	9.34～21.34	0.90	0.72～1.42	15.21	5.43～31.56	159.66	117.33～230.40	455.13	350.00～640.86

土种

（续）

类别		有机质（克/千克）		全氮（克/千克）		有效磷（毫克/千克）		速效钾（毫克/千克）		缓效钾（毫克/千克）	
		平均值	区域值	平均值	区域值	平均值	区域值	平均值	区域值	平均值	区域值
乡（镇）	卜宜乡	15.88	10.34~25.00	1.02	0.80~1.34	12.86	3.48~39.64	147.36	100.00~266.11	418.98	307.64~583.40
	东泉镇	13.90	8.34~21.34	1.03	0.70~1.62	13.03	2.98~41.25	123.49	84.11~233.67	487.50	282.22~899.95
	杜家庄乡	14.55	9.34~21.01	1.08	0.75~1.62	13.61	4.75~41.25	200.39	114.07~318.98	456.09	350.00~680.72
	段村镇	19.26	9.01~30.08	1.09	0.57~1.50	14.82	6.10~46.10	134.69	96.82~273.66	440.44	324.58~700.65
	古陶镇	15.43	9.68~27.32	1.05	0.72~1.62	16.64	2.98~39.64	215.13	123.87~341.63	497.82	400.80~600.00
	洪善镇	14.27	7.01~27.32	1.30	0.67~2.09	14.51	5.00~33.18	163.46	101.00~258.55	461.07	265.28~740.51
	孟山乡	12.60	—	0.97	0.83~1.16	12.37	6.10~17.77	138.13	114.07~177.13	521.18	341.53~660.79
	南政乡	15.28	8.68~29.16	0.99	0.63~1.42	17.67	5.10~41.25	194.85	114.07~334.08	574.76	400.80~780.37
	宁固镇	13.73	6.34~23.68	0.91	0.39~1.50	10.31	1.96~28.33	163.29	61.86~303.87	474.27	290.70~820.23
	香乐乡	10.71	7.34~17.01	0.83	0.60~1.20	13.27	5.43~33.18	152.17	100.00~273.66	436.50	324.58~640.86
	襄垣乡	11.81	5.68~22.01	0.84	0.52~1.50	14.63	5.10~42.87	207.84	140.20~311.42	620.47	333.06~820.23
	岳壁乡	12.70	8.01~19.01	0.93	0.58~1.44	16.58	3.99~34.79	166.82	93.64~303.87	493.03	299.17~740.51
	中都乡	17.67	12.01~24.68	1.06	0.73~1.56	14.23	2.22~44.48	195.29	117.33~311.42	499.65	256.81~840.16
	朱坑乡	10.15	7.01~16.34	0.84	0.62~1.56	10.99	3.48~28.33	141.30	90.46~303.87	519.24	290.70~720.58
地形部位	低山丘陵坡地	12.94	5.68~30.08	0.94	0.52~1.56	12.25	2.98~41.25	137.39	84.11~311.42	496.76	282.22~899.95
	河流一级阶地，河流二级阶地	14.22	6.34~29.16	1.01	0.39~2.09	14.56	1.96~46.10	174.62	61.86~341.63	489.09	256.81~860.09
成土母质	洪积物	14.23	6.34~29.16	1.02	0.39~2.09	14.28	1.96~44.48	173.43	61.86~341.63	475.57	256.81~820.23
	黄土母质	13.05	5.68~30.08	0.95	0.52~1.68	12.74	2.98~41.25	143.57	84.11~311.42	501.85	282.22~899.95
	冲积物	14.72	7.34~25.93	1.01	0.58~1.91	14.76	2.47~46.10	176.95	90.46~311.42	495.44	282.22~820.23

平遥县土壤速效钾含量变化为 61.86～341.6 毫克/千克，平均值为 162.84 毫克/千克，属三级水平。见表 3-3。

（1）不同行政区域：古陶镇最高，平均值为 215.13 毫克/千克；其次是襄垣乡，平均值为 207.84 毫克/千克；最低是东泉镇，平均值为 123.49 毫克/千克。

（2）不同地形部位：河流一级、二级阶地最高，平均值为 174.62 毫克/千克；最低是低山丘陵坡地，平均值为 137.39 毫克/千克。

（3）不同土壤类型：轻混盐潮土最高，平均值为 220.27 毫克/千克；其次是二合黄垆土，平均值为 213.52 毫克/千克；最低是二合红立黄土，平均值为 100.3 毫克/千克。

（4）不同成土母质：冲积物最高，平均值为 176.95 毫克/千克；其次为洪积物，平均值为 173.43 毫克/千克；最低是黄土母质，平均值为 143.57 毫克/千克。

（五）缓效钾

平遥县土壤缓效钾变化范围 282.22～899.95 毫克/千克，平均值为 491.83 毫克/千克，属四级水平。见表 3-3。

（1）不同行政区域：襄垣乡最高，平均值为 620.47 毫克/千克；其次是南政乡，平均值为 574.76 毫克/千克；最低是香乐乡，平均值为 436.5 毫克/千克。

（2）不同地形部位：低山丘陵坡地最高，平均值为 496.76 毫克/千克；河流一级、二级阶地最低，平均值为 489.09 毫克/千克。

（3）不同土壤类型：耕脱潮土最高，平均值为 579.81 毫克/千克；其次是耕沙泥质立黄土，平均值为 557.77 毫克/千克；最低是中盐潮土，平均值为 378.77 毫克/千克。

（4）不同成土母质：黄土母质最高，平均值为 501.85 毫克/千克；其次为冲积物，平均值为 495.44 毫克/千克；最低是洪积物，平均值为 475.57 毫克/千克。

二、分级论述

（一）有机质

Ⅰ级　有机质含量为大于 25.0 克/千克，面积为 6 578.95 亩，占总耕地面积的 0.86%。

Ⅱ级　有机质含量为 20.01～25.0 克/千克，面积为 4.430 6 万亩，占总耕地面积的 5.79%。

Ⅲ级　有机质含量为 15.01～20.0 克/千克，面积为 23.17 万亩，占总耕地面积的 30.29%。

Ⅳ级　有机质含量为 10.01～15.0 克/千克，面积为 39.2 万亩，占总耕地面积的 51.25%。

Ⅴ级　有机质含量为 5.01～10.0 克/千克，面积为 9.03 万亩，占总耕地面积的 11.81%。

（二）全氮

Ⅰ级　全氮量大于 1.5 克/千克，面积为 1.92 万亩，占总耕地面积 2.51%。

Ⅱ级　全氮含量为 1.201～1.50 克/千克，面积为 9.37 万亩，占总耕地面积的 12.25%。

Ⅲ级　全氮含量为 1.001～1.2 克/千克，面积为 21.9 万亩，占总耕地面积的 28.62%。

Ⅳ级　全氮含量为 0.701～1.000 克/千克，面积为 37.65 万亩，占总耕地面积的 49.22%。

Ⅴ级　全氮含量为 0.501～0.700 克/千克，面积为 5.62 万亩，占总耕地面积的 7.35%。

Ⅵ级　全氮含量小于 0.500 克/千克，面积为 401 亩，占总耕地面积的 0.05％。

（三）有效磷

Ⅰ级　有效磷含量大于 25.00 毫克/千克。面积为 3.43 万亩，占总耕地面积的 4.49％。

Ⅱ级　有效磷含量为 20.1～25.00 毫克/千克。面积为 6.94 万亩，占总耕地面积的 9.07％。

Ⅲ级　有效磷含量为 15.1～20.0 毫克/千克。面积为 17.98 万亩，占总耕地面积的 23.51％。

Ⅳ级　有效磷含量为 10.1～15.0 毫克/千克。面积为 27.14 万亩，占总耕地面积的 35.48％。

Ⅴ级　有效磷含量为 5.1～10.0 毫克/千克。面积为 18.7 亩，占总耕地面积的 24.44％。

Ⅵ级　有效磷含量小于 5.0 毫克/千克，面积为 2.3 万亩，占总耕地面积的 3.02％。

（四）速效钾

Ⅰ级　速效钾含量大于 250 克/千克。面积为 3.1 万亩，占总耕地面积的 4.05％。

Ⅱ级　速效钾含量为 201～250 毫克/千克，面积为 13.43 万亩，占总耕地面积的 17.56％。

Ⅲ级　速效钾含量为 151～200 毫克/千克，面积为 30.78 万亩，占总耕地面积的 40.23％。

Ⅳ级　速效钾含量为 101～150 毫克/千克，面积为 28.78 万亩，占总耕地面积的 37.62％。

Ⅴ级　速效钾含量为 51～100 毫克/千克，面积为 4 123.59 亩，占总耕地面积的 0.54％。

（五）缓效钾

Ⅲ级　缓效钾含量为 601～900 毫克/千克。面积为 12.87 万亩，占总耕地面积的 16.82％。

Ⅳ级　缓效钾含量为 351～600 毫克/千克。面积为 61.54 万亩，占总耕地面积的 80.44％。

Ⅴ级　缓效钾小于等于 151～350 毫克/千克，面积为 2.09 万亩，占总耕地面积的 2.74％。

平遥县耕地土壤大量元素分级面积见表 3-4。

表 3-4　耕地土壤大量元素分级面积

类别	Ⅰ 百分比（％）	Ⅰ 面积（亩）	Ⅱ 百分比（％）	Ⅱ 面积（亩）	Ⅲ 百分比（％）	Ⅲ 面积（亩）	Ⅳ 百分比（％）	Ⅳ 面积（亩）	Ⅴ 百分比（％）	Ⅴ 面积（亩）	Ⅵ 百分比（％）	Ⅵ 面积（亩）
有机质	0.86	6 578.95	5.79	44 306.92	30.29	231 742.62	51.25	392 023.08	11.81	90 343.94	0	0
全氮	2.51	19 207.77	12.25	93 703.84	28.62	218 974.84	49.22	376 518.47	7.35	56 189.24	0.05	401.35
速效钾	4.05	30 996.92	17.56	134 328.02	40.23	307 793.67	37.62	287 753.31	0.54	4 123.59	0	0
有效磷	4.49	34 329.98	9.07	69 374.36	23.51	179 824.02	35.48	271 391.21	24.44	186 975.88	3.02	23 100.06
缓效钾	0	0	0	0	16.82	128 692.36	80.44	615 378.88	2.74	20 924.27	0	0

第三节 中量元素

中量元素背景值的表达方式以各统计单元养分汇总结果的算术平均值和标准差来表示。用符号S（硫）表示，表示单位：毫克/千克。

由于有效硫目前全国范围内仅有酸性土壤临界值，而全县土壤属石灰性土壤，没有临界值标准。因而只能根据养分含量的具体情况进行级别划分，分6个级别。

一、含量与分布

（一）有效硫

平遥县土壤有效硫范围为12.96～218.6毫克/千克，平均含量为72.38毫克/千克，属三级水平。见表3-5。

（1）不同行政区域：南政乡最高，平均值为121.86毫克/千克；其次是宁固镇，平均值为119.09毫克/千克；最低是段村镇，平均值为47.12毫克/千克。

（2）不同地形部位：河流一级、二级阶地最高，平均值为80.01毫克/千克；低山丘陵坡地最低，平均值为62.62毫克/千克。

（3）不同土壤类型：蒙金潮土最高，平均值为136.02毫克/千克；其次是底黏潮土，平均值为123.51毫克/千克；最低是湿潮土，平均值为34.84毫克/千克。

（4）不同成土母质：洪积物最高，平均值为87.16毫克/千克；其次为黄土母质，平均值为64.54毫克/千克；最低是冲积物，平均值为63.57毫克/千克。

表3-5 平遥县耕地土壤中量元素硫分类统计结果

单位：毫克/千克

类　别		有效硫	
		平均值	区域值
土种	薄立黄土	79.28	41.70～140.06
	薄砾灰泥质立黄土	48.29	46.68～48.34
	薄沙泥质立黄土	58.12	36.72～126.74
	潮湿土	34.84	28.42～40.04
	底砾潮土	41.70	38.38～45.02
	底沙潮土	106.03	18.98～200.00
	底沙黏潮土	105.89	33.40～211.20
	底黏潮土	123.51	41.70～218.60
	二合红立黄土	53.20	43.36～70.06
	二合黄垆土	67.55	38.38～106.76
	耕二合潮土	94.39	22.42～193.34
	耕黑立黄土	79.81	60.08～106.76
	耕洪立黄土	41.59	26.76～73.39

（续）

类　别		有效硫	
		平均值	区域值
土种	耕立黄土	65.59	12.96～173.36
	耕砾沙泥质立黄土	53.53	38.38～106.76
	耕轻白盐潮土	92.49	21.56～186.68
	耕沙泥质立黄土	52.04	38.38～73.39
	耕脱潮土	74.00	25.00～146.72
	耕中白盐潮土	111.01	28.42～193.34
	耕重白盐潮土	47.55	19.84～146.72
	沟淤土	83.35	17.26～160.04
	黑盐土	111.60	38.38～207.50
	黑油盐土	110.37	90.02～140.06
	洪黄垆土	58.79	26.76～126.74
	灰泥质立黄土	63.69	40.04～80.04
	灰盐土	90.02	21.56～126.74
	夹砾潮土	112.65	46.68～160.04
	夹沙中白盐潮土	90.45	21.56～153.38
	立黄土	59.90	41.70～76.71
	蒙金潮土	136.02	90.02～207.50
	绵潮土	98.75	24.14～207.50
	浅黏黄垆土	44.56	21.56～90.02
	轻混盐潮土	97.18	60.08～146.72
	沙泥质立黄土	55.51	22.42～93.35
	沙泥质淋土	61.11	40.04～73.39
	深黏黄垆土	52.43	21.56～166.70
	深黏垆黄垆土	100.73	50.00～153.38
	苏打白盐土	77.10	35.06～133.40
	黏潮土	96.19	30.08～153.38
	黏轻白盐潮土	81.05	24.14～146.72
	黏中白盐潮土	76.71	76.71～76.71
	黏重白盐潮土	76.13	60.08～96.67
	中盐潮土	87.08	31.74～180.02
	重盐潮土	120.61	76.71～186.68
乡（镇）	卜宜乡	67.44	31.74～140.06
	东泉镇	47.57	12.96～106.76
	杜家庄乡	100.78	43.36～193.34
	段村镇	47.12	17.26～126.74
	古陶镇	77.11	41.70～120.08

（续）

类　别		有效硫	
		平均值	区域值
乡（镇）	洪善镇	60.62	19.84～146.72
	孟山乡	48.54	36.72～93.35
	南政乡	121.86	35.06～218.60
	宁固镇	119.09	45.02～207.50
	香乐乡	107.79	21.56～200.00
	襄垣乡	69.84	26.76～140.06
	岳壁乡	46.58	22.42～120.08
	中都乡	50.53	18.98～166.70
	朱坑乡	88.59	30.08～173.36
地形部位	低山丘陵坡地	62.62	12.96～173.36
	河流一级阶地、河流二级阶地	80.01	17.26～218.60
成土母质	洪积物	87.16	17.26～218.60
	黄土母质	64.54	12.96～203.80
	冲积物	63.57	19.84～207.50

二、分级论述

有效硫

Ⅰ级　有效硫含量大于 200 毫克/千克，面积为 1 520.21 亩，占总耕地面积的 0.2%。分布在全县各乡（镇）。

Ⅱ级　有效硫含量为 100.1～200.0 毫克/千克，面积为 24.06 万亩，占总耕地面积的 31.45%，分布在全县各乡（镇）。

Ⅲ级　有效硫含量为 50.1～100.0 毫克/千克，面积为 28.75 万亩，占总耕地面积的 37.58%。分布在全县各乡（镇）。

Ⅳ级　有效硫含量为 25.1～50.0 毫克/千克，面积为 22.8 万亩，占总耕地面积的 29.79%。分布在全县各乡（镇）。

Ⅴ级　有效硫含量为 12.1～25.0 毫克/千克，面积为 7 507 亩，占总耕地面积的 0.98%，分布在全县各乡（镇）。

平遥县耕地土壤中量元素分级面积见表 3-6。

表 3-6　平遥县耕地土壤中量元素分级面积

类别	Ⅰ		Ⅱ		Ⅲ		Ⅳ		Ⅴ		Ⅵ	
	百分比（%）	面积（万亩）	百分比（%）	面积（万亩）	百分比（%）	面积（万亩）	百分比（%）	面积（万亩）	百分比（%）	面积（万亩）	百分比（%）	面积（万亩）
有效硫	0.20	0.152 0	31.45	24.06	37.58	28.75	29.79	22.80	0.98	0.750 7	0	0

第四节　微量元素

土壤微量元素背景值的表达方式以各统计单元养分汇总结果的算术平均值和标准差来表示，分别以单位 Cu、Zn、Mn、Fe、B、Mo 表示。表示单位为毫克/千克。

土壤微量元素参照全省第二次土壤普查的标准，结合本县土壤养分含量状况重新进行划分，各分 6 个级别。

一、含量与分布

（一）有效铜

平遥县土壤有效铜含量变化范围为 0.54～6.19 毫克/千克，平均值为 1.2 毫克/千克，属三级水平。见表 3-7。

（1）不同行政区域：杜家庄乡平均值最高，为 2.14 毫克/千克；其次是南政乡，平均值为 1.61 毫克/千克；朱坑乡最低，平均值为 0.57 毫克/千克。

（2）不同地形部位：河流一级、二级阶地最高，平均值为 1.381 毫克/千克；低山丘陵坡地最低，平均值为 0.85 毫克/千克。

（3）不同土壤类型：黏重白盐潮土最高，平均值为 2.61 毫克/千克；其次是夹沙中白盐潮土，平均值为 2.1 毫克/千克；最低是沟淤土，平均值为 0.64 毫克/千克。

（4）不同成土母质：洪积物最高，平均值为 1.48 毫克/千克；其次为冲积物，平均值为 1.32 毫克/千克；最低是黄土母质，平均值为 0.89 毫克/千克。

（二）有效锌

平遥县土壤有效锌含量变化范围为 0.19～3.21 毫克/千克，平均值为 1.48 毫克/千克，属三级水平。见表 3-7。

（1）不同行政区域：杜家庄乡平均值最高，为 2.71 毫克/千克；其次是古陶镇，平均值为 2.56 毫克/千克；最低是朱坑乡，平均值为 1.56 毫克/千克。

（2）不同地形部位：河流一级、二级阶地最高，平均值为 2.2 毫克/千克；低山丘陵坡地最低，平均值为 1.86 毫克/千克。

（3）不同土壤类型：黏中白盐潮土最高，平均值为 3 毫克/千克；其次是湿潮土，平均值为 2.5 毫克/千克；最低是二合红立黄土，平均值为 1.3 毫克/千克。

（4）不同成土母质：洪积物最高，平均值为 2.23 毫克/千克；其次为冲积物，平均值为 2.17 毫克/千克；最低是黄土母质，平均值为 1.9 毫克/千克。

（三）有效锰

平遥县土壤有效锰含量变化范围为 4.1～25.95 毫克/千克，平均值为 10.44 毫克/千克，属四级水平。见表 3-7。

（1）不同行政区域：杜家庄乡平均值最高，为 18.76 毫克/千克；其次是中都乡，平均值为 14.1 毫克/千克；最低是朱坑乡，平均值为 7.29 毫克/千克。

（2）不同地形部位：河流一级、二级阶地最高，平均值为 11.67 毫克/千克；低山丘陵

表3-7 耕地土壤微量元素分类统计结果

单位：毫克/千克

类别	有效铜 平均值	有效铜 区域值	有效锰 平均值	有效锰 区域值	有效锌 平均值	有效锌 区域值	有效铁 平均值	有效铁 区域值	有效硼 平均值	有效硼 区域值	有效钼 平均值	有效钼 区域值
薄立黄土	0.82	0.35~1.40	7.85	5.68~11.67	1.76	0.84~2.50	7.63	1.92~9.33	0.48	0.29~0.74	79.28	41.7~140.06
薄砾灰泥质立黄土	0.80	0.77~0.80	7.67	7.67~7.67	1.50	1.34~1.50	8.34	8.34~8.34	0.39	0.36~0.40	48.29	46.68~48.34
薄沙泥质立黄土	0.95	0.40~1.27	8.47	5.68~9.67	2.13	1.00~2.50	4.70	2.15~8.00	0.45	0.33~0.64	58.12	36.72~126.74
潮湿土	0.95	0.84~1.04	7.67	7.67~7.67	2.50	2.50~2.50	4.87	4.67~5.34	0.63	0.61~0.64	34.84	28.42~40.04
底砾潮土	0.76	0.74~0.84	7.12	6.34~7.67	1.84	1.50~2.50	3.70	3.34~4.00	0.59	0.54~0.64	41.70	38.38~45.02
底沙潮土	1.55	0.84~2.61	11.54	4.77~18.67	2.08	0.84~3.61	8.37	5.68~15.34	0.89	0.36~1.54	106.03	18.98~200.00
底沙黏潮土	1.61	1.00~2.11	13.58	7.67~19.33	2.28	—	9.15	4.83~15.00	1.12	0.40~1.78	105.89	33.40~211.20
底黏潮土	1.54	0.84~2.31	12.97	—	2.07	1.34~3.31	9.78	5.68~18.34	0.83	0.29~1.37	123.51	41.70~218.60
二合红立黄土	0.73	0.71~0.74	7.87	6.34~9.67	1.30	1.00~1.34	8.60	8.34~8.67	0.35	0.27~0.48	53.20	43.36~70.06
二合黄炉土	1.26	0.74~2.41	9.98	6.34~15.00	2.32	1.34~3.00	5.81	3.67~13.00	0.81	0.61~1.00	67.55	38.38~106.76
耕二合潮土	1.50	0.90~2.81	13.29	6.34~21.71	2.33	1.00~3.31	9.01	5.00~15.68	0.86	0.42~1.47	94.39	22.42~193.34
耕黑二合潮土	1.48	1.34~1.54	11.27	11.00~12.34	2.47	1.50~2.50	6.55	5.68~7.34	0.58	0.54~0.64	79.81	60.08~106.76
耕洪立黄土	1.17	0.67~1.87	8.79	6.34~11.00	2.39	1.34~3.00	5.47	4.17~7.01	0.47	0.29~0.87	41.59	26.76~73.39
耕立黄土	0.89	0.19~2.71	8.49	4.55~16.67	1.87	0.51~3.61	5.03	1.23~11.01	0.48	0.16~1.08	65.59	12.96~173.36
耕砾沙泥立黄土	0.94	0.42~1.21	8.54	6.34~9.67	2.01	1.34~2.50	4.88	2.68~8.34	0.47	0.35~0.64	53.53	38.38~106.76
耕轻白盐潮土	1.78	0.77~3.21	14.61	4.10~22.56	2.49	1.00~4.22	9.91	4.34~19.67	0.97	0.40~1.70	92.49	21.56~186.68
耕沙泥质立黄土	1.02	0.71~1.21	8.72	7.67~9.67	2.27	1.34~2.50	5.91	3.84~8.34	0.53	0.38~0.64	52.04	38.38~73.39
耕脱潮土	1.42	0.74~2.11	10.66	7.67~15.00	2.49	1.34~3.00	6.90	3.34~14.33	0.68	0.40~1.34	74.00	25.00~146.72
耕中白盐潮土	1.64	0.61~2.71	13.86	5.68~22.98	2.13	0.84~3.31	10.23	4.50~17.01	0.94	0.40~1.72	111.01	28.42~193.34
耕重白盐潮土	1.51	0.64~2.91	11.93	6.34~22.98	1.70	1.00~3.31	7.75	5.68~14.33	0.97	0.42~1.50	47.55	19.84~146.72
沟淤土	0.64	0.25~1.90	7.70	5.68~13.00	1.88	0.84~3.61	3.59	1.69~7.67	0.50	0.29~0.93	83.35	17.26~160.04
黑盐土	1.69	1.21~2.71	11.86	5.68~22.13	2.35	1.34~2.50	8.67	5.34~12.67	0.88	0.50~1.17	111.60	38.38~207.50

土　种

（续）

类别	有效铜		有效锰		有效锌		有效铁		有效硼		有效钼	
	平均值	区域值	平均值	区域值	平均值	区域值	平均值	区域值	平均值	区域值	平均值	区域值
黑油盐土	1.54	0.97~2.41	11.39	6.34~20.86	2.08	1.34~3.00	9.63	7.34~14.33	0.69	0.42~1.30	110.37	90.02~140.06
洪黄垆土	1.21	0.54~2.51	11.06	5.68~19.00	2.27	0.84~3.00	5.09	2.04~9.00	0.61	0.36~0.93	58.79	26.76~126.74
灰泥质立黄土	0.84	0.77~1.17	7.63	7.01~10.34	1.64	1.34~2.50	7.89	4.67~8.34	0.45	0.36~0.67	63.69	40.04~80.04
灰盐土	1.39	1.14~1.80	11.13	8.34~18.00	2.05	1.34~3.00	9.37	6.01~19.33	0.95	0.54~1.40	90.02	21.56~126.74
夹砾潮土	1.51	1.08~2.21	10.88	5.68~17.34	1.90	1.00~2.50	8.89	4.83~16.01	0.88	0.44~1.47	112.65	46.68~160.04
夹砂中白盐潮土	2.10	1.21~3.11	19.05	11.00~25.95	2.43	1.00~3.91	12.39	8.34~17.34	1.14	0.67~1.40	90.45	21.56~153.38
立黄土	0.90	0.77~1.14	7.97	7.01~9.67	1.91	1.34~2.50	6.65	3.67~8.34	0.48	0.36~0.64	59.90	41.70~76.71
蒙金潮土	1.81	1.08~2.61	14.25	8.34~19.67	2.46	1.00~3.61	9.24	6.01~12.67	0.94	0.46~1.27	136.02	90.02~207.50
绵潮土	1.45	0.54~2.61	11.42	4.43~22.13	2.05	0.84~3.61	8.47	3.17~15.34	0.80	0.35~1.47	98.75	24.14~207.50
浅黏黄垆土	1.37	1.00~1.84	12.54	8.34~19.00	2.03	1.00~2.50	6.08	4.17~8.34	0.89	0.58~1.47	44.56	21.56~90.02
轻混盐盐潮土	1.52	1.14~1.97	11.32	7.67~15.68	2.47	1.50~3.00	7.08	—	0.80	0.48~1.08	97.18	60.08~146.72
沙泥质立黄土	0.94	0.58~1.34	8.51	7.01~10.34	2.12	1.34~2.50	5.70	3.17~8.67	0.52	0.33~1.14	55.51	22.42~93.35
沙泥质黄垆土	0.95	0.77~1.21	8.19	7.01~9.67	2.12	1.34~2.5	6.87	5.34~8.00	0.53	0.42~0.67	61.11	40.04~73.39
深黏黄垆土	1.27	0.4~2.91	11.63	4.32~23.83	2.21	0.30~4.22	5.57	2.39~15.34	0.71	0.31~1.40	52.43	21.56~166.70
深黏垍黄垆土	0.75	0.35~1.58	7.93	6.34~16.34	1.88	1.34~3.00	3.42	1.92~8.34	0.50	0.38~0.67	100.73	50.00~153.38
苏打白盐土	1.37	0.87~1.84	11.28	6.34~16.01	2.15	1.34~3.61	6.36	4.00~9.33	0.76	0.42~1.30	77.10	35.06~133.40
黏潮土	1.57	1.00~2.71	13.97	5.68~19.33	2.31	1.00~3.31	10.19	5.68~17.01	0.98	0.61~1.40	96.19	30.08~153.38
黏轻白盐潮土	1.42	0.97~2.21	13.70	7.01~18.34	2.17	0.84~3.00	8.60	5.34~13.00	0.79	0.44~1.08	81.05	24.14~146.72
黏中白盐潮土	1.64	1.64~1.64	13.67	13.67~13.67	3.00	—	9.33	9.33~9.33	1.08	1.08~1.08	76.71	76.71~76.71
黏重白盐潮土	2.61	2.00~2.81	18.16	16.01~19.33	2.50	2.50~2.50	11.28	9.67~13.00	0.71	0.64~0.80	76.13	60.08~96.67
中盐潮土	1.46	0.87~1.74	9.86	7.67~11.67	2.50	2.50~2.50	7.81	4.67~9.67	0.91	0.58~1.14	87.08	31.74~180.02
重盐潮土	1.37	1.00~1.84	10.10	5.68~16.34	1.69	0.84~2.50	8.46	6.01~13.34	0.84	0.44~1.37	120.61	76.71~186.68

土 种

（续）

类别		有效铜 平均值	有效铜 区域值	有效锰 平均值	有效锰 区域值	有效锌 平均值	有效锌 区域值	有效铁 平均值	有效铁 区域值	有效硼 平均值	有效硼 区域值	有效钼 平均值	有效钼 区域值
乡（镇）	卜宜乡	1.12	0.74~2.71	9.49	6.34~16.01	2.16	1.01~3.31	7.32	3.17~10.00	0.58	0.31~1.08	67.44	31.74~140.06
	东泉镇	1.07	0.67~1.93	8.90	4.77~13.00	2.13	0.51~3.61	5.62	2.84~8.00	0.50	0.16~1.17	47.57	12.96~106.76
	杜家庄乡	2.14	0.61~3.21	18.76	9.01~25.95	2.71	1.34~4.22	12.24	4.50~19.67	0.98	0.40~1.72	100.78	43.36~193.34
	段村镇	1.00	0.67~2.11	9.07	5.68~16.67	1.87	1.00~3.31	7.94	4.50~11.01	0.48	0.16~1.08	47.12	17.26~126.74
	古陶镇	1.23	0.74~2.61	9.20	6.34~12.34	2.56	1.34~3.31	5.98	3.17~15.34	0.73	0.35~1.04	77.11	41.70~120.08
	洪善镇	1.47	0.77~2.31	12.10	4.10~17.67	2.18	—	7.65	3.84~12.34	0.96	0.38~1.78	60.62	19.84~146.72
	孟山乡	0.99	0.58~1.27	8.71	7.01~9.67	2.09	1.34~2.50	4.73	3.17~7.01	0.44	0.33~0.67	48.54	36.72~93.35
	南政乡	1.61	0.77~2.61	12.70	7.01~19.67	2.33	1.00~4.22	9.14	4.50~18.34	0.89	0.38~1.47	121.86	35.06~218.60
	宁固镇	1.59	0.90~2.91	13.78	7.67~20.43	2.28	0.84~3.00	10.21	5.68~19.33	0.87	0.42~1.50	119.09	45.02~207.50
	香乐乡	1.36	0.84~2.00	9.11	4.55~19.67	1.67	0.84~3.31	7.53	3.84~12.67	0.82	0.29~1.59	107.79	21.56~200.00
	襄垣乡	1.12	0.40~2.41	10.74	5.68~23.83	1.72	0.84~3.91	4.41	1.81~10.68	0.54	0.20~1.17	69.84	26.76~140.06
	岳壁乡	1.02	0.44~2.91	8.77	4.32~19.00	2.37	1.00~3.31	5.23	2.68~9.67	0.65	0.33~1.14	46.58	22.42~120.08
	中都乡	1.36	0.40~2.11	14.10	4.32~21.28	2.17	0.30~3.61	6.95	2.04~14.67	0.68	0.31~1.34	50.53	18.98~166.70
	朱坑乡	0.57	0.19~1.71	7.29	4.55~16.67	1.56	0.51~3.61	3.22	1.23~8.34	0.47	0.27~1.04	88.59	30.08~173.36
地形部位	低山丘陵坡地	0.85	0.19~1.93	8.18	4.55~13.67	1.86	0.51~3.61	5.26	1.23~10.00	0.47	0.16~1.14	62.62	12.96~173.36
	河流一级阶地、河流二级阶地	1.38	0.29~3.21	11.67	4.10~25.95	2.20	0.30~5.95	7.26	1.69~19.67	0.77	0.27~1.78	80.01	17.26~218.60
成土母质	洪积物	1.48	0.35~3.21	12.27	4.10~25.95	2.23	0.84~4.22	8.14	1.81~19.33	0.83	0.29~1.78	87.16	17.26~218.60
	黄土母质	0.89	0.19~2.71	8.42	4.32~23.83	1.90	0.51~3.91	5.30	1.23~19.67	0.49	0.16~1.40	64.54	12.96~203.80
	冲积物	1.32	0.40~2.71	11.56	4.32~20.00	2.17	0.30~3.31	6.13	2.04~15.68	0.72	0.27~1.50	63.57	19.84~207.50

坡地最低，平均值为 8.18 毫克/千克。

（3）不同土壤类型：夹沙中白盐潮土最高，平均值为 19.05 毫克/千克；其次是黏重白盐潮土，平均值为 18.16 毫克/千克；最低是底砾潮土，平均值为 7.12 毫克/千克。

（4）不同成土母质：洪积物最高，平均值为 12.27 毫克/千克；其次为冲积物，平均值为 11.56 毫克/千克；最低是黄土母质，平均值为 8.42 毫克/千克。

（四）有效铁

平遥县土壤有效铁含量变化范围为 1.23～19.67 毫克/千克，平均值为 6.6 毫克/千克，属四级水平。见表 3-7。

（1）不同行政区域：杜家庄乡平均值最高，为 12.24 毫克/千克；其次是宁固镇，平均值为 10.21 毫克/千克；最低是朱坑乡，平均值为 3.22 毫克/千克。

（2）不同地形部位：河流一级、二级阶地最高，平均值为 7.26 毫克/千克；低山丘陵坡地最低，平均值为 5.26 毫克/千克。

（3）不同土壤类型：夹沙中白盐潮土最高，平均值为 12.39 毫克/千克；其次是黏重白盐潮土，平均值为 11.28 毫克/千克；最低是深黏垆黄垆土，平均值为 3.42 毫克/千克。

（4）不同成土母质：洪积物最高，平均值为 8.14 毫克/千克；其次为冲积物，平均值为 6.13 毫克/千克；最低是黄土母质，平均值为 5.3 毫克/千克。

（五）有效硼

平遥县土壤有效硼含量变化范围为 0.16～1.78 毫克/千克，平均值为 0.66 毫克/千克，属四级水平。见表 3-7。

（1）不同行政区域：杜家庄镇平均值最高，为 0.98 毫克/千克；其次是洪善镇，平均值为 0.96 毫克/千克；最低是孟山乡，平均值为 0.44 毫克/千克。

（2）不同地形部位：河流一级、二级阶地最高，平均值为 0.77 毫克/千克；低山丘陵坡地最低，平均值为 0.47 毫克/千克。

（3）不同土壤类型：夹沙中白盐潮土最高，平均值为 1.14 毫克/千克；其次是底砾黏潮土，平均值为 1.12 毫克/千克；最低是薄砾灰泥质立黄土，平均值为 0.39 毫克/千克。

（4）不同成土母质：洪积物最高，平均值为 0.83 毫克/千克；其次为冲积物，平均值为 0.72 毫克/千克；最低是黄土母质，平均值为 0.39 毫克/千克。

二、分级论述

（一）有效铜

Ⅰ级　有效铜含量大于 2.00 毫克/千克，面积为 4.76 万亩，占总耕地面积的 6.23%。分布在全县各乡（镇）。

Ⅱ级　有效铜含量为 1.51～2.00 毫克/千克，面积为 19.76 万亩，占总耕地面积的 25.83%。分布在全县各乡（镇）。

Ⅲ级　有效铜含量为 1.01～1.50 毫克/千克，面积为 31.92 万亩，占总耕地面积的 41.73%，分布在全县各乡（镇）。

Ⅳ级　有效铜含量为 0.51～1.00 毫克/千克，面积为 15.22 万亩，占总耕地面积的

19.9%。分布在全县各乡（镇）。

Ⅴ级　有效铜含量为 0.21～0.5 毫克/千克，面积为 4.83 万亩，占总耕地面积的 6.31%。

（二）有效锰

Ⅱ级　有效锰含量为 20.01～30.00 毫克/千克，面积为 1.7 万亩，占总耕地面积的 2.23%。分布在全县各乡（镇）。

Ⅲ级　有效锰含量为 15.01～20.00 毫克/千克，面积为 11.67 万亩，占总耕地面积的 15.25%。分布在峨口镇、磨坊乡、滩上镇、新高乡的洪积扇上、二级阶地上。

Ⅳ级　有效锰含量为 5.01～15.01 毫克/千克，面积为 62.72 万亩，占总耕地面积的 81.99%，分布在全县各乡（镇）。

Ⅴ级　有效锰含量为 1.01～5.00 毫克/千克，面积为 4 061.95 亩，占总耕地面积的 0.53%。分布在全县各乡（镇）。

（三）有效锌

Ⅰ级　有效锌含量大于 3.00 毫克/千克，面积为 5.56 万亩，占总耕地面积的 7.27%。分布在全县各乡（镇）。

Ⅱ级　有效锌含量为 1.51～3.00 毫克/千克，面积为 51.55 万亩，占总耕面积的 67.39%。分布在全县各乡（镇）。

Ⅲ级　有效锌含量为 1.01～1.50 毫克/千克，面积为 18.46 万亩，占总耕地面积的 24.13%，分布在全县各乡（镇）。

Ⅳ级　有效锌含量为 0.51～1.00 毫克/千克，面积为 9 160.6 亩，占总耕地面积的 1.2%，分布在全县各乡（镇）。

Ⅴ级　有效锌含量为 0.31～0.5 毫克/千克，面积为 123.11 亩，占总耕地面积的 0.02%。分布在全县各乡（镇）。

（四）有效铁

Ⅱ级　有效铁含量为 15.01～20.00 毫克/千克，面积为 1.01 万亩，占总耕地面积的 1.32%。分布在全县各乡（镇）。

Ⅲ级　有效铁含量为 10.01～15.00 毫克/千克，面积为 9.79 万亩，占总耕地面积的 12.79%。分布在全县各乡（镇）。

Ⅳ级　有效铁含量为 5.01～10.00 毫克/千克，面积为 45.83 万亩，占总耕面积的 59.91%，分布在全县各乡（镇）。

Ⅴ级　有效铁含量为 2.51～5.00 毫克/千克，面积为 17.87 万亩，占总耕地面积的 23.36%。分布在全县各乡（镇）。

Ⅵ级　有效铁含量小于 2.5 毫克/千克，面积为 2 万亩，占总耕地面积的 2.61%。分布在全县各乡（镇）。

（五）有效硼

Ⅱ级　有效硼含量为 1.51～200 毫克/千克，面积为 2 300.01 亩，占总耕地面积的 0.3%。主要分布在全县各乡（镇）。

Ⅲ级　有效硼含量为 1.01～1.50 毫克/千克，面积为 11.66 万亩，占总耕地面积的

15.24%。分布在全县各乡（镇）。

Ⅳ级 有效硼含量为 0.51～1.00 毫克/千克，面积为 42.76 万亩，占总耕地面积的 55.90%，全县各乡（镇）均有分布。

Ⅴ级 有效硼含量为 0.21～0.50 毫克/千克，面积为 21.83 万亩，占总耕地面积的 28.53%，分布在全县各乡（镇）。

Ⅵ级 有效硼含量小于等于 0.20 毫克/千克，面积 249.82 亩，占总耕地面积的 0.03%。主要分布在全县各乡（镇）。

平遥县耕地土壤微量元素分级面积见表 3-8。

表 3-8 平遥县耕地土壤微量元素分级面积

类　别	Ⅰ 百分比（%）	Ⅰ 面积（亩）	Ⅱ 百分比（%）	Ⅱ 面积（亩）	Ⅲ 百分比（%）	Ⅲ 面积（亩）	Ⅳ 百分比（%）	Ⅳ 面积（亩）	Ⅴ 百分比（%）	Ⅴ 面积（亩）	Ⅵ 百分比（%）	Ⅵ 面积（亩）
有效钼	0	0	0	0	0	0	0	0	0	0	100.00	764 995.51
水溶性硼	0	0	0.30	2 300.01	15.24	116 566.87	55.90	427 608.72	28.53	218 270.09	0.03	249.82
有效铁	0	0	1.32	10 116.10	12.79	97 867.71	59.91	458 323.43	23.36	178 725.26	2.61	19 963.01
有效铜	6.23	47 648.92	25.83	197 608.99	41.73	319 214.04	19.90	152 202.54	6.31	48 294.42	0	26.60
有效锌	7.27	55 613.53	67.39	515 503.68	24.13	184 594.59	1.20	9 160.60	0.02	123.11	0	0
有效锰	0	0	2.23	17 000	15.25	116 700	81.99	627 200	0.53	4 061.95	0	0

第五节　其他理化性状

一、土壤 pH

土壤 pH 是指土壤溶液中氢离子浓度，是土壤酸碱程度的反应。土壤酸碱性是土壤的一个重要特性，也是影响土壤肥力和植物生长的一个重要因素。土壤过酸或过碱都不利于有益微生物的活动，从而妨碍土壤养分的转化及其有效性。同时，也会使土壤结构破坏，物理特性变劣，甚至产生有毒物质。总之，土壤酸碱反应对土壤肥力、植物营养状况及其他方面都会产生深刻的影响。因此，在生产中注意改良、调节土壤的酸碱度，搞好因土种植，对提高土地的生产力有着明显的作用。

平遥县耕地土壤 pH 变化范围为 6.25～8.61，平均值为 8.38。见表 3-9。

（1）不同行政区域：东泉镇 pH 平均值最高为 8.44；其次是卜宜乡、洪善镇、孟山乡，平均值都为 8.43；朱坑乡 pH 平均值最低，为 8.28。

（2）不同地形部位：河流一级阶地、河流二级阶地 pH 最高平均值，为 8.38；低山丘陵坡地 pH 平均值最低，为 8.37。

（3）不同土壤类型：苏打白盐土最高，pH 平均值为 8.48；其次是潮湿土、底砾潮土、耕重白盐潮土、沙泥质淋土、黏中白盐潮土、黏重白盐潮土，平均值都为 8.44；薄砾灰泥质立黄土、二合红立黄土 pH 平均值最低，都为 8.13。

（4）不同成土母质：冲积物最高，pH 平均值为 8.41；其次为洪积物、黄土母质，pH 平均值为 8.37。

在土壤剖面中：pH 值的垂直分布情况一般是表土层较低，心土层和底土层略高，这种现象是和表层有机质含量较高及淋溶作用有关的。

各种作物对土壤酸碱度都有一定的适应范围，本县土壤一般呈微碱性，对作物生长没有什么不良影响，但微碱性土壤能降低土壤中磷酸盐的有效性，使其形成磷酸钙沉淀。为此，施磷肥时，要充分沤制，以减少土壤对磷素的固定，使肥效提高。

表 3-9　耕地土壤 pH 分类统计结果

类　别		pH	
		平均值	区域值
土种	薄立黄土	8.29	7.81～8.44
	薄砾灰泥质立黄土	8.13	8.13～8.13
	薄沙泥质立黄土	8.37	7.81～8.44
	潮湿土	8.44	8.44～8.44
	底砾潮土	8.44	8.44～8.44
	底沙潮土	8.37	7.81～8.61
	底沙黏潮土	8.28	8.13～8.61
	底黏潮土	8.25	7.81～8.44
	二合红立黄土	8.13	8.13～8.13
	二合黄垆土	8.38	8.13～8.44
	耕二合潮土	8.40	8.13～8.61
	耕黑立黄土	8.38	8.13～8.44
	耕洪立黄土	8.36	8.13～8.44
	耕立黄土	8.37	6.25～8.61
	耕砾沙泥质立黄土	8.42	8.13～8.44
	耕轻白盐潮土	8.38	8.13～8.61
	耕沙泥质立黄土	8.40	8.13～8.44
	耕脱潮土	8.42	8.13～8.61
	耕中白盐潮土	8.31	7.81～8.44
	耕重白盐潮土	8.44	8.13～8.61
	沟淤土	8.29	7.81～8.44
	黑盐土	8.38	8.13～8.61
	黑油盐土	8.25	8.13～8.61
	洪黄垆土	8.40	8.13～8.44
	灰泥质立黄土	8.41	8.13～8.44
	灰盐土	8.30	7.81～8.44
	夹砾潮土	8.38	8.13～8.61
	夹沙中白盐潮上	8.26	8.13～8.61

（续）

类　别		pH	
		平均值	区域值
土种	立黄土	8.42	8.13～8.44
	蒙金潮土	8.28	7.81～8.61
	绵潮土	8.36	7.81～8.61
	浅黏黄垆土	8.43	8.13～8.61
	轻混盐潮土	8.37	8.13～8.61
	沙泥质立黄土	8.40	8.13～8.44
	沙泥质淋土	8.44	8.44～8.44
	深黏黄垆土	8.42	8.13～8.61
	深黏垣黄垆土	8.42	8.13～8.44
	苏打白盐土	8.48	8.13～8.61
	黏潮土	8.39	8.13～8.61
	黏轻白盐潮土	8.38	8.13～8.61
	黏中白盐潮土	8.44	8.44～8.44
	黏重白盐潮土	8.44	8.44～8.44
	中盐潮土	8.34	8.13～8.61
	重盐潮土	8.27	8.13～8.44
乡（镇）	卜宜乡	8.43	8.13～8.44
	东泉镇	8.44	8.13～8.61
	杜家庄乡	8.31	8.13～8.61
	段村镇	8.29	8.13～8.44
	古陶镇	8.37	8.13～8.44
	洪善镇	8.43	8.13～8.61
	孟山乡	8.43	8.13～8.44
	南政乡	8.29	7.81～8.61
	宁固镇	8.37	8.13～8.61
	香乐乡	8.33	7.81～8.61
	襄垣乡	8.42	8.13～8.61
	岳壁乡	8.39	8.13～8.61
	中都乡	8.43	8.13～8.61
	朱坑乡	8.28	6.25～8.61
地形部位	低山丘陵坡地	8.37	6.25～8.61
	河流一级阶地、河流二级阶地	8.38	7.81～8.61
成土母质	洪积物	8.37	7.81～8.61
	黄土母质	8.37	6.25～8.61
	冲积物	8.41	7.81～8.61

二、土壤质地

土壤的固体部分是由大小不同的矿物质颗粒所组成的，从几毫米至小于 0.001 毫米以下，此种大小不同的颗粒按一定的比例组成沙土、壤土、黏土，既叫土壤质地，也叫土壤的机械组成。

土壤质地是反应物理特性的一个综合指标，对土壤水分、土壤空气等物理性质有着重要的影响，生产实践证明，土壤质地是土壤的重要物理性质，是影响肥力高低，耕性好坏，生产性能优劣的基本因素之一。

在平遥县近 76.5 万亩耕地中，耕层质地为中壤的占到耕地面积的 85％以上，沙壤、中壤、重壤、黏土只占不足 15％。

质地为沙壤的耕种土壤，主要分布在河沟沿岸，古河道上，沙壤表现为通气透水，低温易升高，发小苗，易耕种，但保水保肥性能差，后劲不足。浇水施肥应少量多次，防止渗漏。质地为轻壤的耕种土壤主要分布在侵蚀丘陵和边山地区，轻壤表现为通气透水性能好，易耕易种，发小苗，保水保肥，供水供肥性能都比较适中，是目前比较理想的土壤质地之一。质地为中壤的耕种土壤主要分布在倾斜平原，地区也就是汾河的二级阶地地形部位，中壤兼有沙土和黏土的优点，通气透水性好，保水保肥性强，易耕易种，不发小苗，发小苗也发老苗，是理想的农业土壤质地。重壤黏土主要分布在冲积平面也就是汾河一级阶地地区，其表现为保水保肥能力强，发老苗，有后劲，但易板结，坷垃多，不易耕种，应掺沙改良。

纵观平遥县的土壤质地，比较理想的土壤质地比例，即轻壤—中壤，占到总耕地面积的 85.6％，而沙黏质地仅占到 14.4％，故应在加强施肥改良质地的同时，重点改良质地不良的土壤，从而获得全县的均衡增产。

三、土体构型

土体构型主要是指不同质地的土层上下排列组合的情况，针对于整个土体中水、肥、气、热的上下运行，水肥的贮藏与流失有很大的关系。

我们把全县 47 种土体构型按对农业生产影响的大小，粗略地归纳为五大类。

1. 过沙、漏沙型 这类型土体包括通体沙性的，浅位厚沙层的或是表层为沙壤为 50 厘米以下才有很薄的壤质黏性土。面积 85 818 亩，占总耕地面积的 5.9％。

这类土体构型的主要问题漏水漏肥，在浅水施肥上应采取少量多次，尽量减少漏沙。在耕作上、施肥上，应注意浅耕，有意识的培养犁底层和多施有机肥，改善其不良的物理性状。

2. 通体壤质性 这类型土体构包括通体中壤，轻壤和类似这两种类型的，面积 644 298 亩，占总耕地面积的 44.5％，这类土体构型基本无障碍层次，是农业上较理想的一种土体构型。其中部分已成为全县的高产土壤，但有较大面积的土壤，由于所处地形不良，受自然因素的影响太大，虽有理想的土体结构，但其他措施也应该加强。例如丘陵黄土母质上发育的"3343 型"的土体结构，就是典型的例子。

3. 蒙金型　这类土体构型表层为沙壤至中壤，在 50 厘米以内就出现一层很厚的黏土层，面积 18 585 亩，占总耕地面积的 1.3%，这类土体发小苗又发老苗，耕性好，保水保肥能力强，是最理想的一种农业土壤，此类型土体结构，从理论和实践证明，目前是全县理想的土体结构，又是高产典型，千斤地块基本是这一类型结构，因而作为平遥高产土壤的典范，无论从那一方面，都可作为今后发展农业培肥土壤的样板。

4. 过黏性　包括通体重壤，黏土或类似两种土体的面积 81 287 亩，占总耕地面积的 5.6%，这类土体，保水保肥性能好，有后劲，但易板结，坷垃多，不易耕作。应掺沙改良。此种类型的土壤。是目前农业生产中潜力最大的土壤之一，即土壤本身养分含量较高，主要表现为物理性状不良，只要采取辅沙一项措施，增产效应十分明显；而目前塑料薄膜覆盖技术在此类型的土壤上的大量应用，增产效应更为可观。因此，可以认为，过黏型土壤的改良是近期平遥农业的一项主要措施之一。

5. 薄层型　这类土体构型是山地土壤，土层薄，一般 50 厘米左右。面积 619 865 亩，占总耕地面积的 42.8%，其特点是土层浅薄，多夹有砾石或岩屑，供保水肥能力差，多为林牧地或荒坡，农业利用很少。

以上 5 种土体结构，基本概括了平遥县范围内土壤物质基础的概貌。从平遥地区目前情况来看，43% 的薄层型土壤应重点放在发展林牧。防止水土流失的立足点上，而有将近 50% 的其他土体结构的土壤，重点应放在发展农业生产之上。但在发展农业生产的同时，理想的壤质性土壤，重点投资肥料，把低产地区的产量结构尽快地得以改变。近期重点投资改良的为 8 万亩的过黏性土壤，它是可通过一二项措施的改变，便可以获得高产。而过沙性土壤，是一次时间较长、改良任务较大的土壤类型之一。因此，可以这么认为，平遥地区，根据其土壤条件的状况，农林牧的发展，应依据其土体构型来规划考虑，我们现认为，农、林、牧的发展，在平遥应以 1∶0.4∶0.4 为宜。

四、土壤结构

土壤结构指形状不同，大小不等的土粒团聚体和土壤单粒在土壤中的排列情况，至直接关系着水、肥、气、热的协调，土壤微生物的活动，土壤耕性和作物根系的伸展，是影响土壤肥力的重要因素。

平遥县土壤结构的主要类型有团粒状、屑粒状、块状、柱状、片状结构。

1. 团粒结构　结构体形状近似球形，大小近似于小米至绿豆，是土壤肥沃的表现，在施肥水平高的地块、菜园、山区的淋溶褐土常可见到。

2. 屑粒结构　有一定棱角的碎屑结构，其中含有一定的微小团粒，虽不及团粒结构，但比其他结构要好，是全县面积最大、分布最广的土壤结构之一。

3. 块状结构　土粒胶结成块状立方体，俗称坷垃。多见于缺乏有机质的土壤，平遥县土壤的心土层、底土层多属这种结构。

4. 柱状结构　结构体竖立纵向发展，本县黄土丘陵的底土层常可见到此种结构。这种结构通气透水性好，但容易漏水漏肥。

5. 片状结构 结构体呈扁平状，多见于梨底层以及冲积形成的层次，系水浇的沉积作用和机械压力造成。片状结构发展紧实，影响种子发芽、根系的生长发育，此为一种不良结构。

土壤结构，既反映土壤的肥沃程度，有反映其物理化学性质的综合表现，就全县范围内耕层土壤均以屑粒状结构为主，而理想的团粒结构反为多年肥沃的菜园土中才有出现，其他结构均属不良结构，应加以改良。因此，因地制宜的改良土壤、培肥土壤、人为地制造我们理想的土壤结构，是今后全县农业发展的根本措施之一。

五、土壤容重

土壤容重是指土壤结构在未破坏的自然状态下，单位容积中的干土重量，以克/立方厘米表示。土壤容重包括土壤颗粒间的孔隙部分，因此也称假比重。

土壤容重取决于土壤质地、土壤结构、有机质含量和灌溉耕作措施等，它随耕作、灌溉和施肥等农业措施的不同而变化。根据土壤容重的大小，粗略地估计土壤质地、结构、孔隙状况和松紧度。

耕层容重一般以 1～1.3 克/立方厘米为宜，随着土层加深，承受压力加大，土壤逐渐变的紧实，容重也相应增大，底土容重一般为 1.4～1.6 克/立方厘米。

平遥县活土层容重一般为 1.0～1.5 克/立方厘米，总的说偏大，山地丘陵土壤稍小，为 1～1.4 克/立方厘米之间，淡褐色、草甸土灌水板结后、容重增至 1.4 克/立方厘米以上。

土壤容重受质地影响，质地越黏容重越大，反之则不，活土层容重随着耕作次数发生变化，作物下种时，经过多次耕耙，容重为最小一般为 1.1 克/立方厘米左右，以后随着灌水、施肥等影响，耕作次数减少，到作物生长后期，容重增至最大，达到 1.4 克/立方厘米左右。

第六节 耕地土壤属性综述与养分动态变化

一、耕地土壤属性综述

2009—2011 年，平遥县 4 700 个样点土壤测定结果表明，耕地土壤有机质平均含量为 13.93 克/千克，变化范围为 5.68～30.08 克/千克；全氮平均含量为 1 克/千克，变化范围为 0.52～2.09 克/千克；有效磷平均含量为 14.13 毫克/千克，变化范围 1.96～46.1 毫克/千克；速效钾平均含量为 162.84 毫克/千克，变化范围 61.86～341.6 毫克/千克；缓效钾平均含量为 491.83 毫克/千克，变化范围 282.22～899.95 毫克/千克；有效铁平均含量为 6.6 毫克/千克，变化范围 1.23～19.67 毫克/千克；有效锰平均值为 10.44 毫克/千克，变化范围 4.1～25.95 毫克/千克；有效铜平均含量为 1.2 毫克/千克，变化范围 0.54～6.19 毫克/千克；有效锌平均含量为 1.48 毫克/千克，变化范围 0.19～3.21 毫克/千克；有效硼平均含量为 0.66 毫克/千克，变化范围 0.16～1.78 毫克/千克；有效硫平均含量为 72.38 毫克/千克，变化范围 12.96～218.6 毫克/千克；pH 平均值为 8.38，变化范围 6.25～8.61。见表 3 - 10。

表 3 - 10 平遥县耕地土壤养分总体统计结果

项目名称	单 位	极大值	极小值	平均值
pH	—	8.61	6.25	8.38
有机质	克/千克	30.08	5.68	13.93
全 氮	克/千克	2.09	0.52	1.00
有效磷	毫克/千克	46.10	1.96	14.13
缓效钾	毫克/千克	899.95	282.22	491.83
速效钾	毫克/千克	341.63	61.86	162.84
有效铁	毫克/千克	19.67	1.23	6.60
有效锰	毫克/千克	25.95	4.10	10.44
有效铜	毫克/千克	3.21	0.19	1.20
有效锌	毫克/千克	4.22	0.30	2.10
有效硼	毫克/千克	1.78	0.16	0.66
有效硫	毫克/千克	218.60	12.96	72.38

二、有机质及大量元素的演变

随着农业生产的发展及施肥、耕作经营管理水平的变化，耕地土壤有机质及大量元素也随之变化，与 1983 年全国第二次土壤普查时的耕层养分测定结果相比，土壤有机质平均含量 13.93 克/千克，属四级水平，比第二次土壤普查 12.2 克/千克增加了 1.73 克/千克；全氮平均含量 1 克/千克，属四级水平，比第二次土壤普查 0.7 克/千克增加了 0.3 克/千克；有效磷平均含量 14.13 毫克/千克，属四级水平，比第二次土壤普查 5.7 毫克/千克增加了 8.43 毫克/千克；速效钾平均含量 162.84 毫克/千克，属三级水平，比第二次土壤普查 144 毫克/千克增加了 18.84 毫克/千克。见表 3 - 11。

表 3 - 11 平遥县耕地土壤养分动态变化表

有机质（克/千克）	1983 年土壤普查	12.20
	本次土壤测试	13.93
	提高百分率	14.18
全氮（克/千克）	1983 年土壤普查	0.70
	本次土壤测试	1.00
	提高百分率	42.86
速效磷（毫克/千克）	1983 年土壤普查	5.70
	本次土壤测试	14.13
	提高百分率	147.89

（续）

速效钾（毫克/千克）	1983 年土壤普查	144.00
	本次土壤测试	162.84
	提高百分率	13.08

从上述统计表中看出，平遥县从 1983 年全国第二次土壤普查到本次测土配方施肥项目的实施，土壤有机质、全氮、速效磷、速效钾四大养分均有所提高。说明本县土壤养分在逐年提高。土地肥力也在提高，这与近年来农户施用有机肥、复合肥、大量的秸秆还田有直接关系。

第四章　耕地地力评价

第一节　耕地地力分级

一、面积统计

平遥县总耕地面积76.4995万亩。按照地力等级的划分指标，通过对评价单元 *IFI* 值的计算，对照分级标准，确定每个评价单元的地力等级，汇总结果见表4-1。

表4-1　平遥县耕地地力统计表

国家等级	地方分级	评价指数	面　积（亩）	所占比重（%）
1 2 3 4	1	≥0.81	51 065.18	6.68
4	2	0.77～0.81	125 820.08	16.45
4 5	3	0.74～0.77	153 287.91	20.04
5	4	0.71～0.74	123 727.26	16.17
5	5	0.62～0.71	108 775.32	14.22
5 5	6	0.52～0.62	53 116.35	6.94
6 7	7	0.50～0.52	100 607.11	13.15
7 8	8	0.44～0.50	48 596.30	6.35
合　计			764 995.51	100

二、地域分布

平遥县耕地主要分布在汾河流域的一级、二级阶地、黄土丘陵地带。

第二节　耕地地力等级分布

一、一级地

（一）面积和分布

本级耕地主要分布在大运路与南同普铁路沿线。面积为 51 065.18 亩，占全县总耕地面积的 6.68%。

（二）主要属性分析

本级耕地海拔为 750～780 米，土地平坦，土壤包括潮土和少量石灰性褐土两个亚类，成土母质为河流冲积物，地面坡度为 5°，耕层质地为多为壤土，有效土层厚度大于 150 厘米，耕层厚度平均为 20 厘米，pH 的变化范围 8.13～8.44，地势平缓，无侵蚀，地下水位浅且水质良好，灌溉保证率为基本满足，地面平坦，园田化水平高。

该级耕地农作物生产历来水平较高，从农户调查表来看，春玉米亩产 750 千克，效益显著；蔬菜占全县的 70% 以上，是平遥县重要的蔬菜生产基地。

（三）主要存在问题

一是土壤肥力与高产高效的需求仍不适应，需培肥地力；二是由于过渡开采地下水，地下水下降严重；三是化肥施用量不断提升，有机肥施用仍显不足，易引起土壤板结和肥料利用率下降；四是尽管国家有一系列的种粮政策，但最近几年农资价格的上涨，农民的种粮积极性严重受挫，对土壤进行掠夺式经营，农作物管理上改精耕细作为粗放式管理。

（四）合理利用

本级耕地在利用上应从主攻高蛋白饲料玉米，大力发展设施农业，加快蔬菜生产发展，推广水肥一体化等节水措施，注意培肥地力。突出区域特色经济作物如番茄等产业的开发。

二、二级地

（一）面积与分布

主要分布在汾河的河漫滩和一级阶地上，包括洪善镇、南政乡、中都乡北部。和一级地呈复域分布，面积 125 820.08 亩，占总耕地面积的 16.45%。

（二）主要属性分析

本级耕地包括潮土、盐化潮土、石灰性褐土 3 个亚类，成土母质为河流冲积物和黄土状母质，质地多为壤土，灌溉保证率为基本满足，地面平坦，地面坡度 5°，园田化水平高。有效土层厚度大于 150 厘米，耕层厚度平均为 18.6 厘米，本级土壤 pH 为 8.0～8.4。

本级耕地所在区域，畜禽养殖业发达，有机肥源充足，是平遥县的主要粮食产区，经济效益较高，粮食产量处于全县上游水平，玉米平均亩产 700 千克，是平遥县重要的粮食生产基地。

（三）主要存在问题

土壤肥力不高，盲目施肥现象严重，耕作粗放，灌溉条件差，机械化程度低。

（四）合理利用

应"用养结合"，利用有机肥源足的优势培肥地力，同时在配套打井等措施基础上充分利用汾河进行灌溉，也可尝试大力发展专业合作社，进行规模化、集约化、机械化生产，积极推广测土配方施肥技术，建设高标准农田。

三、三　级　地

（一）面积与分布

主要分布在洪善镇镇、南政乡、香乐乡、杜家庄乡等乡（镇）及襄垣乡北部。与一级地、二级地呈复域分布，面积为 153 287.91 亩，占总耕地面积的 20.04%，是平遥县河漫滩和一级阶地上肥力较低的一类土壤。

（二）主要属性分析

本级耕地自然条件较好，地势平坦。耕地包括潮土、盐化潮土、石灰性褐土 3 个亚类，成土母质为河流冲积物和黄土状母质，耕层质地为中壤、沙壤，土层深厚，有效土层厚度为 150 厘米以上，耕层厚度为 17.21 厘米。灌溉保证率为基本满足，地面基本平坦，地面坡度小于 2°，园田化水平较高。本级的 pH 变化范围为 8.1~8.4，平均值为 8.3。

本级所在区域，玉米平均亩产 600 千克以上，效益一般。

（三）主要存在问题

本级耕地土壤层次不良，夹沙、腰沙、底沙等层次较多，保水、保肥能力差，漏水、漏肥严重。同二级地一样，耕作粗放，灌溉条件差，人少地多，机械化程度低。

（四）合理利用

进行客土改良，大力改善水源条件，增施有机肥，进行配方施肥，科学种田。结合选用优种、科学管理等，充分挖掘土壤的生产性能，提高作物产量。

四、四　级　地

（一）面积与分布

分布在岳壁乡、卜宜乡西南部，海拔为 800~1 000 米，是平遥县的半丘陵区，面积 123 727.26 亩，占总耕地面积的 16.17%。

（二）主要属性分析

该土地土壤类型主要为石灰性褐土，成土母质为黄土状母质，耕层土壤质地差异较大，为中壤、重壤，有效土层厚度大于 150 厘米，耕层厚度平均为 17.24 厘米。灌溉保证率为一般满足，园田化水平较高。本级土壤 pH 为 8.0~8.2，平均值为 8.1。

本区粮食作物面积不大，粮食作物主要以玉米为主，玉米平均亩产 400 千克左右，处于平遥县的中下等水平。

（三）主要存在问题

一是灌溉条件较差，干旱较为严重；二是本级耕地的土壤肥力低，土壤有机质含量低。

（四）合理利用

需大力发展高灌等灌溉条件，采用平衡施肥。增施有机肥。

五、五 级 地

（一）面积与分布

主要分布在宁固镇，面积 108 775.32 亩，占总耕地面积的 14.22%。

（二）主要属性分析

该区域为汾河流域一级阶地，土壤为盐化潮土亚类。成土母质为冲积母质，耕层质地为中壤、轻壤，有效土层厚度平均大于 150 厘米，耕层厚度为 22 厘米，灌溉保证率为一般满足，地下水含盐，保水保肥性差。pH 为 8.2～8.4，平均值为 8.3。

本区粮食作物主要以玉米为主，玉米平均亩产 500 千克左右，处于平遥县的中等水平。

（三）主要存在问题

耕地土壤养分低，有机肥源不足，地下水位较浅，浇水全靠汾河水漫灌压盐。

（四）合理利用

改良土壤，主要措施是除增施有机肥、秸秆还田；在施肥上除增加农家肥施用量外，应平衡施肥，搞好土壤肥力协调，培肥地力，防蚀保土，建设高产基本农田。

六、六 级 地

（一）面积与分布

主要分布在东泉镇，面积 53 116.35 亩，占总耕地面积的 6.94%。

（二）主要属性分析

该区域为丘陵区，土壤为褐土性土亚类。成土母质为黄土母质，质地轻壤至中壤，水源较丰富，历来精耕细作，土壤熟化程度高，养分含量相对要高，有机质含量较高。

本区粮食作物主要以玉米为主，玉米平均亩产 350 千克左右，处于平遥县的中下等水平。

（三）主要存在问题

土体渗水快，蒸发也快，土体干旱，肥力不高。

（四）合理利用

加强园田化建设，改良土壤，主要措施是除增施有机肥、秸秆还田；在施肥上除增加农家肥施用量外，应平衡施肥，搞好土壤肥力协调，培肥地力，防蚀保土，建设高产基本农田。

七、七 级 地

（一）面积与分布

主要分布在朱坑乡东北部、孟山乡，面积 100 607.11 亩，占总耕地面积的 13.15％。

（二）主要属性分析

该区域为丘陵区，土壤为褐土性土亚类。成土母质为黄土母质，耕层质地为中壤、轻壤，常含砾石，有效土层厚度一般为 30～100 厘米左右，耕层厚度为 18 厘米，有机质含量高，灌溉保证率为无灌，地势起伏，地面坡度 2°～10°，地面坡度小于 5°，园田化水平低。

本区粮食作物主要以玉米为主，玉米平均亩产 300 千克左右，处于平遥县的中下等水平。

（三）主要存在问题

耕地土壤养分高，但地下水位较深，灌溉保证率低，浇水困难。

（四）合理利用

此级土壤为自然土壤，土体深厚，质地适中，植被覆盖较好，是良好的天然牧地，适宜发展畜牧业。今后改良利用方面应更新草种，适当控制载畜量。

八、八 级 地

（一）面积与分布

主要分布在朱坑乡西南部、段村镇东南部，卜宜乡西南部，面积 48 596.30 亩，占总耕地面积的 6.35％。

（二）主要属性分析

该区域主要分布在山区的缓坡地带和山顶，多为梯田或二坡地，土壤为褐土性土亚类。成土母质为黄土母质，耕层质地为中壤、有程度不同的水土流失，灌溉保证率为可灌。土层深厚，质地较轻，疏松多孔，透气性良好，易作，雨后不板结，宜耕期长，保肥性能中等，水土流失，肥力较差，耕层有机质含量低，渗透性强，水分易挥发，抗蚀能力弱，熟化程度不高。

本区粮食作物主要以玉米为主，玉米平均亩产 200 千克左右，处于平遥县的中下等水平。

（三）主要存在问题

耕地土壤养分底，地下水位较深，灌溉保证率低，浇水困难。

（四）合理利用

改良利用方面应是平田整地，梯田种植，增施有机肥料，推广有机旱作。

总之，纵观平遥县生产力等级划分情况，我们认为造成等级差别的主要原因是自然条件和人为因素的综合作用。从全县耕地生产力分级情况看，一至三级主要分布在河漫滩和一级阶地上；四级、五级主要分布在一级阶地上、丘陵区交界处；六级、七级、八级主要分布在丘陵区。应当说，这只是一种暂时现象，一旦条件改变，这种"级"的差异也就随之发生变化，土壤作为一种不断更新的自然资源，也会产生相应的发展演变规律。因此，全县土壤的侵蚀、旱、瘦、沙黏等危害，不论是对作物的产量和品质，还是对农、林、牧业的利用方式与适应性能，都有极大的限制作用，改变这种不利的限制因素，合理调整农、林、牧业的布局，搞好因地种植，全县土壤资源是大有潜力可挖的。

第五章　耕地土壤环境质量评价

一、农用残留地膜对农田的影响

(一) 耕地农膜使用量

平遥县地膜覆盖技术的推广应用始于 20 世纪 80 年代初，用于棉花、西瓜等经济作物。经过 10 年左右的试验摸索，到 1990 年代进入快速发展期，该项技术在所有经济作物和部分粮食作物中得到广泛应用。近年来随着平遥县农业产业结构调整步伐的加快，蔬菜种植面积不断加大，地膜覆盖面积随之扩大，2011 年地膜覆盖面积为 13.7 万亩，地膜使用量达 548 吨。地膜种类以≤0.008 毫米透明膜为主。使用作物包括蔬菜、果用瓜、薯类、棉花、花生、甜菜、芝麻等经济作物和玉米等粮食作物。地膜覆盖种植模式以单作为主，辅之以玉米和瓜菜套种。铺设地膜地形以平地和缓坡地为主，铺设起止时间一般为当茬作物整个生育期，例如西瓜为当年 4 月至 6 月底，辣椒为 5 月至 11 月底。

(二) 农用残留地膜的危害

农用残留地膜是农业生产中应用地膜覆盖栽培技术残留在田间的塑料薄膜。所谓地膜覆盖栽培，就是用薄型家用塑料薄膜做地面或近地面覆盖材料进行农作物保护栽培。这项技术由于投资不大，操作简单，增产显著，产投比高，经济效益好。因此，发展很快。1990 年全国地膜覆盖面积已达到 4 000 万亩，地膜对农业增产发挥了巨大的作用。由于目前使用的地膜是一种高分子聚合物，在自然条件下很难分解。为此，长时间的地膜覆盖，会在土壤中造成残留，对农业生态环境造成较大的危害。耕地中残留地膜的危害主要有以下几个方面。

1. 破坏土壤的结构，影响耕地质量和土壤的通透性　据研究，残膜对土壤容重、含水量、孔隙度等都有明显影响，其中与土壤含水量、孔隙度呈显著的负相关性，与土壤容重有显著正相关性。

2. 造成化学污染　由于目前使用的地膜主要由聚乙烯化合物组成，在制造过程中，需加一种增塑剂邻苯二甲酸二丁酯，这种物质的毒性很大，并有明显的富集作用。由于残破地膜不能自行分解，回收困难，多次覆盖后残存在土壤中的废膜对耕层土壤会造成污染危害。

3. 农膜的污染　农膜对粮食作物的污染相对简单，主要是根系不发达、植株不发达、植株高低不齐，严重时可导致作物缺苗，影响严重。蔬菜受薄膜中邻苯二甲酸二异丁酯危害的典型症状是失绿，叶片黄化或皱缩卷曲。如敏感的小油菜、菜花、甘蓝、水萝卜、黄瓜和番茄等，表现新叶及嫩梢成黄白色，老叶和子叶边缘变黄，叶小而薄，生长弱，严重时逐渐干枯死亡；辣椒、莴苣、芹菜和丝瓜受害较重时，叶褪色呈绿黄色，嫩叶上有少数焦斑，叶片皱缩卷曲，生长弱，菠菜、韭菜、蒜和芸豆则叶色无明显变化，叶片皱缩或叶尖发黄，生长略受抑制。一般在薄膜覆盖后 6~10 天即出现受害症状，从叶梢新叶开始向下蔓延，覆盖时间长、温度高、湿度大、苗龄小和通风不良则受害重。

邻苯二甲酸二异丁酯的毒害作用主要是破坏叶绿素和阻碍叶绿素的形成。白菜切片观察，曾发现受害叶细胞内叶绿素明显减少甚至缺乏叶绿素。所以，影响光合作用，生长缓慢，株形矮化纤细，严重者甚至死亡。邻苯二甲酸二异丁酯还具有亲水性，在薄膜内壁水珠中可含万分之一至万分之二，水滴接触叶片，即可产生直接危害，在叶片形成黄色网斑，斑内叶肉变薄发白，最后细胞坏死干枯。

二、肥料对农田的影响

(一)耕地肥料施用量

施肥是农作物增产丰收的重要措施。20世纪50年代，基本以自然肥料为主，主要有人粪尿、猪羊厩肥、各种枯枝落叶、草木灰、各种作物的秸秆等制成的堆沤肥料；化学肥料施用虽已使用，但所占比例很小；20世纪60年代，虽然大面积施用化学肥料，有机肥料仍占绝对优势；20世纪70年代，随着农业生产的发展，肥料结构发生了很大变化。传统积肥大大减少；化学肥料用量剧增，有机、无机肥料的施用比例为30∶70，出现了化肥当家的局面。

2011年，平遥县全年化肥使用量（纯量）氮肥2 870吨，磷肥1 700吨，钾肥1 350吨，平均每公顷施0.12吨，氮、磷、钾比例为1∶0.6∶0.47。肥料品种主要为尿素、普通过磷酸钙、硫酸钾、复合（混）肥等。

(二)施肥对农田的影响

在农业增产的诸多措施中，施肥是最有效最重要的措施之一。无论施用化肥还是有机肥，都给土壤与作物带来大量的营养元素。特别是氮、磷、钾等化肥的施用，极大地增加了农作物的产量。可以说化肥的施用不仅是农业生产由传统向现代转变的标志，而且是农产品从数量和质量上提高和突破的根本。施肥能增加农作物产量，施肥能改善农产品品质，施肥能提高土壤肥力，改良土壤，合理施肥是农业减灾中一项重要措施，合理施肥可以改善环境、净化空气。施肥的种种功能已逐渐被世人认识。但是，由于肥料生产管理不善，施肥用量、施肥方法不当而造成土壤、空气、水质、农产品的污染也越来越引起人产的关注。

目前，肥料对农业环境的污染主要表现在4个方面：肥料对土壤的污染，肥料对空气的污染，肥料对水源的污染，肥料对农产品的污染。

1. 肥料对土壤的污染

（1）肥料对土壤的化学污染：许多肥料的制作、合成均是由不同的化学反应而形成的，属于化学产品。它们的某些产品特性由生产工艺所决定，具有明显的化学特征，它们所造成的污染均为化学污染。如一些过酸、过碱、过盐、无机盐类，含有有毒有害矿物质制成的肥料，使用不当，极易造成土壤污染。

一些肥料本身含有放射性元素，如磷肥、含有稀土、生长激素的叶面肥料等，放射性元素含量如超过国家规定的标准不仅污染土壤，还会造成农产品污染，殃及人类健康。土壤被放射性物质污染后，通过放射性衰变，能产生α、β、γ射线。这些射线能穿透人体组织，使机体的一些组织细胞死亡。这些射线对机体既可造成外照射损伤，又可通过饮食或吸收进入人体，造成内照射损伤，使受害人头昏、疲乏无力、脱发、白细胞减少或增多、癌变等。

还有一些矿粉肥、矿渣肥、垃圾肥、叶面肥、专用肥、微肥等肥料中均不同程度地含有些有毒有害的物质，如常见的有砷、镉、铅、铬、汞等，俗称"五毒元素"，它们不仅在土壤环境中容易富集，而且还非常容易在植株体内、人体内造成积累，影响作物生长和人类健康。如土壤中汞含量过高，会抑制夏谷的生长发育，使其株高、叶面积、干物重及产量降低。这些肥料大量的施用会造成土壤耕地重金属的污染。土壤被有毒化学物质污染后，对人体所产生的影响大部分都间接的，主要是通过农作物、地面水或地下水对人体产生负面影响。

（2）肥料对土壤的生物性污染：未要无害化处理的人畜粪尿、城市垃圾、食品工业废渣、污水污泥等有机放弃物制成的有机肥料或一些微生物肥料直接施入农田会使土壤受到病原体和杂菌的污染。这些病原体包括各种病毒、病菌、有害杂菌，甚至一些大肠杆菌、寄生虫卵等，它们在土壤中生存时间较长，如痢疾杆菌能在土壤中生存 22～142 天，结核杆菌能生存 1 年左右，蛔虫卵能生存 315～420 天，沙门氏菌能生存 35～70 天等。它们可以通过土壤进入植物体内，使植株产生病变，影响其正常生长或通过农产品进入人体，给人类健康造成危害。

还有一引起病毒性粪便是一些病虫害的诱发剂，如鸡粪直接施入土壤，极易诱发地老虎，进而造成对植物根系的破坏。此外，被有机废弃物污染的土壤，是蚊蝇孳生和鼠类系列的场所，不仅带来传染病，还能阻塞土壤孔隙，破坏土壤结构，影响土壤的自净能力，危害作物正常生长。

（3）肥料对土壤的物理污染：土壤的物理污染易被忽视。其实肥料对土壤的物理污染经常可见。如生活垃圾、建筑垃圾未要分筛处理或无害化处理制成的有机肥料中含有大量金属碎片、玻璃碎片、砖瓦水泥碎片、塑料薄膜、橡胶、废旧电池等不易腐烂物品，进入土壤后不仅影响土壤结构性、保水保肥性、土壤耕性，甚至使土壤质量下降、农产品数量锐减、品质下降，严重者使生态环境恶化。据统计城市人均 1 天产生 1 千克左右的生活垃圾，这引起生活垃圾中有 1/3 物质不易腐烂，若将这些垃圾当作肥料直接施入土壤，那将是巨大的污染源。

2. 肥料对水体的污染　化肥中的营养元素经地表径流和淋溶作用进入水体，会导致各种水生生物如各种藻类大量繁殖，造成水中溶解氧急剧变化。海洋赤潮，是当今国家研究的重大课题之一。国家环保局中国环境状况公告：我国近岸海域海水污染严重，赤潮的频繁发生引起了政府与科学界的极大关注。赤潮的主要污染因子是无机氮和活性磷酸盐。氮、磷、碳、有机物是赤潮微生物的营养物质，为赤潮微生物的系列繁殖提供了物质基础。铁、锰等物质的加入又可以诱发赤潮微生物的繁殖。所以，施肥不当是加速这一过程的重要因素。

在肥料氮、磷、钾三要素中，磷、钾在土壤中极易被吸附或固定，而氮肥易被淋失。所以，施肥对水体的污染主要是氮肥的污染。地下水中硝态氮含量的提高与施肥有着密切关系。我国的地下水多数由地表水作为补给水源，地表水污染，势必会影响到地下水水质，地下水一旦受污染后，要恢复是十分困难的。

3. 施肥对大气的污染 施用化肥所造成的大气污染物主要有 NH_3、NO_x、CH_4、恶臭及重金属微粒、病菌等。在化肥中，气态氮肥碳酸氢铵中有氨的成分。氨是极易发挥的气态物质，喷施、撒施或覆土较浅时均易造成氨的挥发，从而造成空气中氨的污染。NH_3 受光照射或硝化作用生成 NO_x，NO_x 是光污染物质，其危害更为严重。本县化肥施用水平早已超过了发达国家所设置的防止农业环境污染的化肥安全施用上限。而且，化肥投入以无机氮、磷为主，化肥利用率相对较低。施用的氮肥中约有一半挥发，以一氧化二氮气体形式逸失到空气里——一氧化二氮是对全球气候变化产生影响的温室气体之一。

叶面肥和一些植物生长调节剂不同程度地含有一些重金属元素，如镉、铅、镍、铬、锰、汞、砷、氟等，虽然它们的浓度很低，通过喷施散发在大气中，直接造成大气的污染，危害人类。

有机肥或堆沤肥中的恶臭、病原微生物或者直接散发出让人头晕眼花的气体或附着在灰尘微粒上对空气造成污染。

这些大气污染物不仅对人体眼睛、皮肤有刺激作用，其臭味可引起感官性状的不良反应，还会降低大气能见度，减弱太阳辐射强度，破坏绿色，腐蚀建筑物，恶化居民生活环境，影响人体健康。

4. 施肥对农产品的污染 施肥对农产品的污染首先是表现在不合理施肥致使农产品品质下降，出口受阻，削弱了我国农产品在国际市场的竞争力。被污染的农产品还会以食物链传递的形式危害人类健康。

近年来，随着化肥乃是的逐年增和不合理搭配，农产品品质普遍呈下降趋势。如粮食中重金属元素超标、瓜果的含糖量下降、苹果的苦痘病、番茄的脐腐病的发病率上升，棉麻纤维变短、蔬菜中硝酸盐、亚硝酸盐的污染日趋严重，食品的加工、储存性变差。

施肥对农产品污染的另一个表现是其对农产品生物特性的影响。肥料中的一些生物污染物在污染土壤、大气、水体的同时也会感染农作物，使农作物各种病虫害频繁发生，严重影响了农作物的正常生长发育，致使产量锐减、品种下降。

从平遥县目前施肥品种和数量来看，大田和蔬菜生产上有施肥数量多、施肥比例不合理及不正确的施肥方式等问题，因而造成粮食蔬菜品质下降、地下水水质变差、土壤质量变差等环境问题。

三、农药对农田的影响

（一）农药施用品种及数量

2011 年，平遥县农药使用量 228 吨。从农户调查情况看，全县施用的农药主要有以下几个种类：有机磷类农药，平均亩施用量 50 克；氨基甲酸酯类农药，平均亩施用量 30 克；菊酯类农药，平均亩施用量 15 克；杀虫剂平均亩施用量 95 克；除草剂，平均亩施用量 400 克。农作物病虫害防治主要依赖化学农药。

（二）农药对农田质量的影响

农药是防治病虫害和控制杂草的重要手段，也是控制某些疾病的病媒昆虫（如蚊、蝇等）的重要药剂。但长期和大量使用农药，也造成了广泛的环境污染。农药污染对农田环境与人体健康的危害，已逐渐引起人们的重视。

目前农药品种繁多，按用途可分为杀虫剂和杀线虫剂、杀菌剂、除草剂等，按其化学组成划分，有有机氯、有机磷、有机汞、有机砷和氨基甲酸酯等几大类。由于农药种类多，用量大，农药污染已成为环境污染的一个重要方面。

1. 对环境的污染 农药是一种微量的化学环境污染物，它的使用对空气、土壤和水体造成污染。对环境的污染主要来自两方面，一是田间喷施农药；二是农药厂排放"三废"。大量进入环境中的农药，大部分经光、热及微生物作用而分解失效，但有少量残留在环境中，进入土壤、水体和生物内，经过生物作用和食物链作用反复循环污染，形成危害。

2. 对健康的危害 环境中的农药，可通过消化道、呼吸道和皮肤等途径进入人体，对人类健康产生各种危害。

3. 平遥县农药使用所造成的主要环境问题 平遥施用农药品种多、数量多，因而造成的环境问题也较多，归纳起来，主要有以下 5 种：

（1）农药施入大田后直接污染土壤，造成土壤农残污染。

（2）造成地下水的污染。

（3）造成农产品质量降低。

（4）破坏大田内生态系统的稳定与平衡。

（5）对土壤微生物群落形成一定程度的抑制作用。

农业污染要采用法律、生物、物理等措施综合治理，要研究、推广、普及新技术，提高治理水平。要对农业内部废弃物实行深度开发，综合利用。充分利用再生资源，减少无机投入品的使用，降低环境污染，提高农作物品质，增产增效，以达到资源利用的良性循环和人与自然界的和谐共存。

1. 推广农作物秸秆、动物粪便深度开发利用技术 一是实行秸秆综合利用。积极推广秸秆还田、秸秆科学加工后养畜、秸秆育菇等综合利用技术；二是大力开展以沼气为纽带的乡村清洁工程，以"减量化、再利用、再循环"的清洁生产理念为指导，把"三废"（畜禽粪便、作物秸秆、生活垃圾和污水）变"三料"（肥料、燃料、饲料），从而实现"生产发展、生活宽裕、生态良性循环"的目标。比如"猪—沼—果"的模式，既可生产能源，又能增加有机肥，还能改变农村卫生面貌。

2. 科学施肥。要大力推广使用农家肥，减少化肥用量 平遥县主要蔬菜产区大量使用鸡粪、猪粪、人粪尿等有机肥，基本不用化肥，果园大量使用农家肥做底肥，培肥了地力，提高了作物品质，产品在各地十分俏销。粮食作物可推广农家肥与化肥混用，以农家肥做底肥或当家肥。可先在绿色食品生产基地试行逐步推广。实施测土配方施肥，根据土壤肥力、湿度、天气、农作物的特异性和不同生育阶段，确定施肥品种及数量，减少肥料流失造成的污染，实现高效低耗。研究证明，将现有氮肥使用量减少 30%～50%，仍可维持现有粮食产量水平。

3. 科学防治病虫害 大力推广综合防治技术。研究应用推广基因技术和生物技术，推广栽培抗病虫品种和轻型栽培技术，恶化病虫生活环境。运用高压汞灯等物理防治措施，降低害虫数量。加强生物农药和高效低毒低残留农药的推广，严禁使用国家和地方明令禁止使用的高毒高残留农药，在安全间隔期内不得用药。要组织、推广机防队防治病虫，做到统一测报、统一防治、分户结算，做到科学用药，提高防治效果。

4. 逐步推进规范化农业生产 用工业化理念谋划农业，逐步实现规模化、规范化生产。研究、制定、推广落实无公害、绿色、有机农产品生产标准和操作规程，建立生产基地，扩大种植面积。通过推广无公害、绿色、有机农产品生产，逐步减少化肥、农药等无机投入品的数量，以提高产品质量，降低污染。

5. 强化农业执法 对排放污染物超标的企业，要坚决整顿，不达标不准生产；要加强农业执法，对明令禁止的高毒高残留农药和假冒伪劣化肥、农药、农膜等农资产品，一律不得生产、销售和使用；要加强农产品安全检测，建立市场准入制。对有毒物质残留超标的农产品，一律不得进入市场销售；要加强检疫工作，严格控制有害生物和有毒农产品的传播。

6. 加强舆论宣传 充分运用电视、广播、报纸等现代媒体和会议、咨询、送科技下乡等传统方法，广泛宣传农业污染的危害性，控制污染的重要性。普及现代科学技术，宣传落实降低污染的技术措施。要使各级领导干部和广大农民群众树立以人为本的观念，做到科学种田，以减少污染，建造良好的生态环境，保证人们身体健康。

第六章 中低产田类型分布及改良利用

第一节 中低产田类型及分布

中低产田是指存在各种制约农业生产的土壤障碍因素，产量相对低而不稳定的耕地。

通过对平遥县耕地地力状况的调查，根据土壤主导障碍因素的改良主攻方向，依据中华人民共和国农业部发布的行业标准 NY/T 310—1996，结合实际进行分析，平遥县中低产田包括如下 4 个类型：干旱灌溉性、瘠薄培肥型、坡地梯改型、盐碱耕地型。中低产田面积为 485 351.85 亩，占总耕地面积的 63.45%。各类型面积情况统计见表 6-1、图 6-1。

表 6-1 平遥县中低产田各类型面积情况统计

类 型	面积（亩）	占耕地总面积（%）	占中低产田面积（%）
干旱灌溉型	180 048.64	23.54	37.10
瘠薄培肥型	93 464.35	12.22	19.26
坡地梯改型	108 855.41	14.23	22.43
盐碱耕地型	102 983.45	13.46	21.22
合 计	485 351.85	63.45	100.00

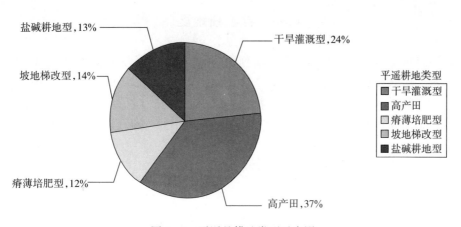

图 6-1 平遥县耕地类型示意图

一、干旱灌溉型

干旱灌溉型是指由于气候条件造成的降雨不足或季节性出现不均，又缺少必要的调蓄手段，以及地形、土壤性状等方面的原因，造成的保水蓄水能力的缺陷，不能满足作物正常生长所需的水分需求，但又具备水源开发条件，可以通过发展灌溉加以改良的耕地。

平遥县灌溉改良型中低产田面积 180 048.64 亩，占总耕地面积的 23.54%。主要分布于汾灌区的杜家庄乡、宁固镇的平川地带及尹回水库的岳壁、朱坑两乡（镇）的丘陵地带。

二、瘠薄培肥型

瘠薄培肥型是指受气候、地形条件限制，造成干旱、缺水、土壤养分含量低、结构不良、投肥不足、产量低于当地高产农田，只能通过连年深耕、培肥土壤、秸秆还田改革耕作制度，推广旱农技术等长期性的措施逐步加以改良的耕地。

平遥县瘠薄培肥型中低产田面积为 93 464.35 亩，占总耕地面积的 12.22%。主要分布于朱坑乡、孟山乡和东泉镇东南部。

三、坡地梯改型

坡耕地是平遥县重要的耕地资源，由于坡耕地水土流失严重，土壤的蓄水保肥能力差，生产能力非常有限，严重制约着粮食总产的提高和生态环境效益的改善。目前，本县主要采取耕作措施、生物措施等进行坡耕地治理和改良。

平遥县坡地梯改型中低产田面积为 108 855.41 亩，占全县总耕地面积的 14.23%。主要分布于段村镇、朱坑乡及岳壁乡东南部。

四、盐碱耕地型

盐碱地是指土壤里面所含的盐分影响到作物的正常生长，平遥县盐碱土的盐分组成为氯化物盐土、硫酸盐盐土及苏打盐土。主要是由于地下水位高，临近地表使土地表层盐分积累所致。目前，本县主要采取种植耐盐植物、合理施肥、大水压盐（大水压盐就是把水灌到盐碱地里，使土壤盐分溶解，通过下渗把表土层中的可溶性盐碱排到深层土中）等对盐碱地进行改良。

平遥县盐碱耕地型中低产田面积为 102 983.45 亩，占全县总耕地面积的 13.46%。主要分布于宁固镇、杜家庄乡及洪善镇中部。

第二节　生产性能及存在问题

一、干旱灌溉型

杜家庄乡、宁固镇的平川地带及尹回水库的岳壁、朱坑两乡（镇）的丘陵地带的灌溉改良型中低产田，土壤耕性良好，宜耕期长，保水保肥性能较好。土壤类型为潮土，土壤母质为黄土状，地面坡度 0°~10°，有效土层厚度＞150 厘米。耕层厚度 20 厘米。存在的主要问题是地下水源缺乏，水利条件差，灌溉保证率＜60％。

干旱灌溉改良型土壤有机质含量 13.62 克/千克，全氮 0.95 克/千克，有效磷 12.82 毫克/千克，速效钾 165.34 毫克/千克。

二、瘠薄培肥型

朱坑乡、孟山乡和东泉镇东南部的瘠薄培肥型中低产田土壤主要是褐土，各种质地均有，有效土层厚度＞150 厘米，耕层厚度 19 厘米。耕层养分含量有机质 12.83 克/千克，全氮 0.94 克/千克，有效磷 12.14 毫克/千克，速效钾 136.13 毫克/千克。存在的主要问题是耕层不良，保水保肥性差，肥力较低。

三、坡地梯改型

坡耕地是指分布在山坡上地面平整度差跑水跑肥跑土突出、作物产量低的旱地。主要特征"坡地"的概念，一般是指 6°~25°之间的地貌类型（开垦后多称为坡耕地）。坡耕地的存在严重制约旱地作物产量的大幅度提高。主要分布于段村镇、朱坑乡及岳壁乡东南部，耕层养分含量有机质 13.50 克/千克，全氮 0.97 克/千克，有效磷 12.80 毫克/千克，速效钾 144.87 毫克/千克。存在的主要问题是坡度大、水土流失严重、耕层瘠薄、干旱缺水。由于水土流失，不仅造成土层变浅、养分流失导致抛荒。

四、盐碱耕地型

平遥县盐碱地主要以苏打盐类型为主，并有一部分氯化物盐、硫酸盐盐土壤。盐碱土壤耕层盐分含量高，有机质缺乏，土壤养分含量低。主要分布于宁固镇、杜家庄乡及洪善镇中部。耕层养分含量有机质 12.98 克/千克，全氮 0.95 克/千克，有效磷 12.55 毫克/千克，速效钾 167.21 毫克/千克。存在的主要问题是地下水位高，土壤阴湿、性凉、耕性差。土壤有机质含量低，土壤僵板，养分含量不高，氮磷比例失调，有机肥不足，加之钙离子的胶结作用，土壤板结严重。

第三节　中低产田改良利用措施

平遥县中低产田面积为 485 351.85 亩，占总耕地面积的 63.45％。严重影响全县农业生产的发展和农业经济效益，应因地制宜进行改良。

总体上讲，中低产田的改良、耕作、培肥是一项长期而艰巨的任务。通过工程、生物、农艺、化学等综合措施，消除或减轻中低产田土壤限制农业产量提高的各种障碍因素，提高耕地基础地力，其中耕作培肥对中低产田的改良效果是极其显著的。具体措施如下：

一、干旱灌溉改良型

1. 水源开发及调蓄工程 干旱灌溉型中低产田地处位置，具备水资源开发条件。在这类地区增加适当数量的水井、修筑一定数量的调水、蓄水工程，以保证一年一熟地浇水3～4次，毛灌定额300～400立方米/亩，一年两熟地浇水4～5次，毛灌定额400～500立方米/亩。

2. 田间工程及平整土地 一是平田整地采取小畦灌溉，节约用水，扩大浇水面积；二是积极发展管灌、滴灌和水肥一体化技术，提高水的利用率。

3. 接纳天上水 采用旱井、旱窖充分接纳天然降水。

4. 改良栽培管理措施 积极推广地膜覆盖，W膜盖，起垄种植、深耕、秸秆还田等农艺措施，提高水分利用率。

5. 大力兴建林带植被 因地制宜地造林、种草与农作物种植有效结合，兼顾生态效益和经济效益，发展复合农业。

二、瘠薄培肥型

1. 增施有机肥 增施有机肥，增加土壤有机质含量，改善土壤理化性状并为作物生长提供部分营养物质。据调查，有机肥的施用量达到每年2 000～3 000千克/亩，连续施用3年，可获得理想效果。主要通过秸秆还田和施用厩肥、人粪尿及禽畜粪便来实现。

2. 科学施肥 实施科学施肥，可提高作物产量和品质，还可改良土壤结构，提高保水保肥能力，防止肥料的浪费和过量施用对土壤的污染，达到农业增效，农民增收的目的。

（1）合理施用氮肥：速效性氮肥极易分解，通常施入土壤中的氮素化肥的利用率只有25%～50%，或者更低。这说明施入土壤中的氮素，挥发渗漏损失严重。所以，在施用氮素化肥时，一定注意施肥方法、基追比例、施肥量和施肥时期，提高氮肥利用率，减少损失。

（2）适量增施磷肥：本区土壤属石灰性土壤。土壤中的磷常被固定，而不能发挥肥效。加上部分群众重氮轻磷，作物吸收的磷得不到及时补充。试验证明，在缺磷土壤上增施肥磷增产效果明显。同时注意和其他肥料的配合使用，提高磷肥利用率。

（3）因地因作物施用钾肥：从化验结果看，本区土壤中钾的含量虽然不低，但近几年试验证明，施用钾肥有一定的增产效果。随着农业生产进一步发展和作物产量的不断提高，土壤中的有效钾的含量也会处于不足状态。所以，在生产中，应定期监测土壤中钾的动态变化，及时补充钾素。

（4）重视施用微肥：作物对微量元素肥料需要量虽然很小，但施用微肥能提高产品产量和品质，有其他大量元素不可替代的作用。据调查，全县土壤硼、锌、锰、铁等含量均不高，近年来果树施硼、玉米、小麦锌试验，增产效果均很明显。特别是2006年实施的新造滩地生土熟化工程，通过采用打井和铺设地下管道的工程措施，以及加厚耕作层、测土配方施肥、施用硫酸亚铁、增施有机肥等措施，取得了很好的改土效益和经济效益，为改良瘠薄性土壤提供了很好的经验。

三、坡地梯改型

1. 工程措施 工程措施是治理坡耕地最常用的方法，主要包括梯田改造工程和坡面水系工程。梯田改造工程在通常为 5°～25°的坡耕地中进行，以 15°～25°坡耕地为主，包括水平梯田和坡式梯田等。坡改梯后，降低了坡面水流速度、减小了径流冲刷力、延长了径流在坡面上的滞留时间、增加下渗，减少地表径流量，提高了坡耕地保水保肥能力。坡面水系工程包括排灌渠、蓄水池、沉沙函等，可对坡面径流实施有效的拦、蓄、引、灌、排，已成为控制水土流失，充分利用坡面径流，改善农业生产条件的重要措施。

2. 生物措施 目前主要是营造农田防护林和水土保持林、退耕还林以及退耕还牧等。通过营造农田防护林和水土保持林、退耕还林以及退耕还牧等技术，可以减少对原有地貌和植被的破坏，加速植被恢复速度，对改善农业生态环境和农业生产条件具有重要的意义。

3. 化学措施 施用土壤改良剂（如硫酸亚铁等），春播前或秋收后结合深翻一次性施入，也可以与有机肥混合拌匀后施入，据此可以达到疏松土壤，生土快速熟化的目的，进而降低水土流失。目前化学改良措施的应用较少，但发展却很快。

4. 耕作措施 耕作措施是治理坡耕地水土流失的重要措施之一，可分为 3 类：第 1 类是以改变小地形、增加地面糙度为主的措施，如横坡耕作、斜坡垄作、等高耕作、等高沟垄作、原垄作等；第 2 类是以增加地面覆盖为主的措施，如间作套种、宽行密植、草粮轮作等；第 3 类是以提高土壤入渗与抗蚀能力为主的保护性耕作措施，如覆盖耕作、少耕、免耕、深松耕、耙茬、秸秆还田、测土配方施肥、增施有机肥、鼠洞作业等。通过以上措施可提高坡耕地保水保土能力，减少水土流失，提高土地的基础地力水平，提高耕地的粮食生产能力。保护性耕作措施改良坡耕地的效果显著，越来越受到人们的青睐。

5. 农林（农牧）复合经营模式 农林（农牧）复合经营模式是实现生态效益与经济效益有效结合的重要措施。通过该模式，不仅可以充分利用耕地资源，增加农民收入，推动农村经济的快速发展，而且能够有效治理坡耕地水土流失，促进生态系统良性循环。

四、盐碱耕地型

1. 工程措施 工程措施主要有开挖排碱沟、设地下暗管、竖井排盐、客沙压碱以及土层下垫沙或垫草等，这些措施或可以降低地下水位，或可以阻止盐分向地表移动，降低土壤盐分运动对农作物的危害。

2. 生物措施 生物措施被认为是治理盐碱地最有效的途径，通过培育和种植一些耐盐植物，增加地表植被覆盖度，减少蒸发，植物的蒸腾作用可降低地下水位，缓解盐分向地表聚集，植物根系生长可改善土壤物理性状，根系分泌的有机酸及植物残体经微生物分解产生的有机酸还能中和土壤碱性。植物的根、茎、叶返回土壤后又能改善土壤结构，增加有机质，提高肥力。近年来随着转基因技术的发展，耐盐碱植物的培育有了新的希望，生物措施改良盐碱地的技术正日趋成熟。

3. 化学措施 通过化学改良剂与土壤中各中盐离子的相互作用进而改变土壤结构，以达到改良盐碱地的目的。化学改良剂有两方面作用，一是改善土壤结构，加速洗盐排碱过程；二是改变可溶性盐基成分，增加盐基代换容量，调节土壤酸碱度。目前较常见的土壤改良剂有硫酸铝、粉煤灰、磷石膏、沸石、泥炭、风化煤、糠醛渣等。

4. 耕作措施 耕作措施主要包括盐碱地优化灌溉技术、盐碱地优化施肥技术、盐碱地上农牧渔利用技术、盐碱地优化耕作技术等。近年来，保护性耕作措施在盐碱地的治理过程中也发挥了一定的作用。通过少耕、免耕、深松耕、秸秆还田等措施，使地表始终有覆盖物，可以减少土壤内水分蒸发，减缓盐分向地表转移。作物根系腐烂后，不仅可以使土壤有机质增加，而且能加速土壤熟化，对提高地力具有重要的作用。

第七章　耕地地力评价与测土配方施肥

第一节　测土配方施肥的原理与方法

一、测土配方施肥的含义

测土配方施肥是以肥料田间试验、土壤测试为基础，根据作物需肥规律、土壤供肥性能和肥料效应，在合理施用有机肥料的基础的上，提出氮、磷、钾及中、微量元素等肥料的施用品种、数量、施肥时期和施肥方法。通俗地讲，就是在农业科技人员指导下科学施用配方肥。测土配方施肥技术的核心是调整和解决作物需肥与土壤供肥之间的矛盾。同时有针对性地补充作物所需的营养元素，作物缺什么元素就补充什么元素，需要多少补充多少，实现各种养分平衡供应，满足作物的需要。达到增加作物产量、改善农产品品质、节省劳力、节支增收的目的。

二、应用前景

土壤有效养分是作物营养的主要来源，施肥是补充和调节土壤养分数量与补充作物营养最有效手段之一。作物因其种类、品种、生物学特性、气候条件以及农艺措施等诸多因素的影响，其需肥规律差异较大。因此，及时了解不同作物种植土壤中的土壤养分变化情况，对于指导科学施肥具有重要的现实意义。

测土配方施肥是一项应用性很强的农业科学技术，在农业生产中大力推广应用，对促进农业增效、农民增收具有十分重要的作用。通过测土配方施肥的实施，能达到 5 个目标：一是节肥增产。在合理施用有机肥的基础上，提出合理的化肥投入量，调整养分配比，使作物产量在原有的基础上能最大限度地发挥其增产潜能；二是提高农产品品质。通过田间试验和土壤养分化验，在掌握土壤供肥状况，优化化肥投入的前提下，科学调控作物所需养分的供应，达到改善农产品品质的目标；三是提高肥效。在准确掌握土壤供肥特性，作物需肥规律和肥料利用率的基础上，合理设计肥料配方。从而达到提高产投比和增加施肥效益的目标；四是培肥改土。实施测土配方施肥必须坚持用地与养地相结合、有机肥与无机肥相结合，在逐年提高作物产量的基础上，不断改善土壤的理化性状，达到培肥和改良土壤，提高土壤肥力和耕地综合生产能力，实现农业可持续发展；五是生态环保。实施测土配方施肥，可有效地控制化肥特别是氮肥的投入量，提高肥料利用率，减少肥料的面源污染，避免因施肥引起的富营养化，实现农业高产和生态环保相协调的目标。

三、测土配方施肥的依据

（一）土壤肥力是决定作物产量的基础

肥力是土壤的基本属性和质的特征，是土壤从养分条件和环境条件方面，供应和协调作物生长的能力。土壤肥力是土壤的物理、化学、生物性质的反映，是土壤诸多因子共同作用的结果。通过大量的田间试验和示踪元素的测定证明，作物产量的构成，有40％～80％的养分吸收自土壤。养分吸收自土壤比例的大小和土壤肥力的高低有着密切的关系，土壤肥力越高，作物吸自土壤养分的比例就越大；相反，土壤肥力越低，作物吸自土壤的养分越少，那么肥料的增产效应相对增大，但土壤肥力低绝对产量也低。要提高作物产量，首先要提高土壤肥力，而不是依靠增加肥料。因此，土壤肥力是决定作物产量的基础。

（二）有机与无机相结合、大中微量元素相配合

用地和养地相结合是测土配方施肥的主要原则，实施配方施肥必须以有机肥为基础，土壤有机质含量是土壤肥力的重要指标。增肥有机肥可以增加土壤有机质含量，改善土壤理化、生物性状，提高土壤保水保肥性能，增强土壤活性，促进化肥利用率的提高，各种营养元素的配合才能获得高产稳产。要使作物—土壤—肥料形成物质和能量的良性循环，必须坚持用地养地相结合，投入、产出相对平衡，保证土壤肥力的逐步提高，达到农业的可持续发展。

（三）测土配方施肥的理论依据

测土配方施肥是以养分归还学说、最小养分律、同等重要律、不可代替律、肥料效应报酬递减律和因子综合作用律等为理论依据，以确定不同养分的施肥总量和肥料配比为主要内容。同时注意良种、田间管护等影响肥效的诸多因素，形成了测土配方施肥的综合资源管理体系。

1. 养分归还学说　作物产量的形成有40％～80％的养分来自土壤。但不能把土壤看做一个取之不尽、用之不竭的"养分库"。为保证土壤有足够的养分供应容量和强度，保证土壤养分的携出与输入间的平衡，必须通过施肥这一措施来实现。依靠施肥，可以把作物吸收的养分"归还"土壤，确保土壤肥力。

2. 最小养分律　作物生长发育需要吸收各种养分，但严重影响作物生长、限制作物产量的是土壤中那种相对含量最小的养分因素，也就是最缺的那种养分。如果忽视这个最小养分，即使继续增加其他养分，作物产量也难以提高。只有增加最小养分的量，产量才能相应提高。经济合理的施肥是将作物所缺的各种养分同时按作物所需比例相应提高，作物才会优质优高产。

3. 同等重要律　对作物来讲，不论大量元素或微量元素，都是同样重要缺一不可的，即使缺少某一种微量元素，尽管它需要量很少，仍会影响某种生理功能而导致减产。微量元素和大量元素同等重要，不能因为需要量少而忽略。

4. 不可替代律　作物需要的各种营养元素，在作物体内都有一定功效，相互之间不能替代，缺少什么营养元素，就必须施用含有该元素的肥料进行补充，不能相互替代。

5. 肥料效应报酬　随着投入的单位劳动和资本量的增加，报酬的增加却在减少，当

施肥量超过适量时，作物产量与施肥量之间单位施肥量的增产会呈递减趋势。

6. 因子综合作用律 作物产量的高低是由影响作物生长发育诸因素综合作用的结果，但其中必有一个起主导作用的限制因子，产量在一定程度上受该限制因素的制约。为了充分发挥肥料的增产作用和提高肥料的经济效益，一方面，施肥措施必须与其他农业技术措施相结合，发挥生产体系的综合功能；另一方面，各种养分之间的配合施用，也是提高肥效不可忽视的问题。

四、测土配方施肥确定施肥量的基本方法

(一) 土壤与植物测试推荐施肥方法

该技术综合了目标产量法、养分丰缺指标法和作物营养诊断法的优点。对于大田作物，在综合考虑有机肥、作物秸秆利用和管理措施的基础上，根据氮、磷、钾和中、微量元素养分的不同特征，采取不同的养分优化调控与管理策略。其中，氮肥推荐根据土壤供氮状况和作物需氮量，进行实时动态监测和精确调控，包括基肥和追肥的调控；磷、钾肥通过土壤测试和养分平衡进行监控；中、微量元素采用因缺补缺的矫正施肥策略。该技术包括氮素实时监控、磷钾养分恒量监控和中、微量元素养分矫正施肥技术。

1. 氮素实时监控施肥技术 根据不同土壤、不同作物、不同目标产量确定作物需氮量，以需氮量的 30%～60% 作为基肥用量。具体基施比例根据土壤全氮含量，同时参照当地丰缺指标来确定。一般在全氮含量偏低时，采用需氮量的 50%～60% 作为基肥；在全氮含量居中时，采用需氮量的 40%～50% 作为基肥；在全氮含量偏高，采用需氮量的 30%～40% 作为基肥。30%～60% 基肥比例可根据上述方法确定，并通过"3414"田间试验进行校验，建立当地不同作物的施肥指标体系，有条件的地区可在播种前对 0～20 厘米土壤无机氮进行监测，调节基肥用量。

$$基肥用量（千克/亩）=\frac{（目标产量需氮量-土壤无机氮）\times（30\%～60\%）}{肥料中养分含量\times肥料当季利用率}$$

其中：土壤无机氮（千克/亩）=土壤无机氮测试值（毫克/千克）×0.15×校正系数

氮肥追肥用量推荐以作物关键生育期的营养状况诊断或土壤硝态氮的测试为依据，这是实现氮肥准确推荐的关键环节，也是控制过量施氮或施氮不足、提高氮肥利用率和减少损失的重要措施。测试项目主要是土壤全氮含量、土壤硝态氮含量或小麦拔节期茎基部硝酸盐浓度、玉米最新展开叶叶脉中部硝酸盐浓度，水稻采用叶色卡或叶绿素仪进行叶色诊断。

2. 磷钾养分恒量监控施肥技术 根据土壤有（速）效磷、钾含量水平，以土壤有（速）效磷、钾养分不成为实现目标产量的限制因子为前提，通过土壤测试和养分平衡监控，使土壤有（速）效磷、钾含量保持在一定范围内。对于磷肥，基本思想是根据土壤有效磷测试结果和养分丰缺指标进行分级，当有效磷水平处在中等偏上时，可以将目标产量需要量（只包括带出田块的收获物）的 100%～110% 作为当季磷肥用量；随着有效磷含量的增加，需要减少磷肥用量，直至不施；随着有效磷的降低，需要适当增加磷肥用量，在极缺磷的土壤上，可以施到需要量的 150%～200%。在 2～3 年后再次测土时，根据土壤有效磷和产量的变化再对磷肥用量进行调整。钾肥首先需要确定施用钾肥是否有效，再

参照上面方法确定钾肥用量，但需要考虑有机肥和秸秆还田带入的钾量。一般大田作物磷、钾肥料全部做基肥。

3. 中微量元素养分矫正施肥技术 中、微量元素养分的含量变幅大，作物对其需要量也各不相同。主要与土壤特性（尤其是母质）、作物种类和产量水平等有关。矫正施肥就是通过土壤测试，评价土壤中、微量元素养分的丰缺状况，进行有针对性的因缺补缺的施肥。

（二）肥料效应函数法

根据"3414"方案田间试验结果建立当地主要作物的肥料效应函数，直接获得某一区域、某种作物的氮、磷、钾肥料的最佳施用量，为肥料配方和施肥推荐提供依据。

（三）土壤养分丰缺指标法

通过土壤养分测试结果和田间肥效试验结果，建立不同作物、不同区域的土壤养分丰缺指标，提供肥料配方。

土壤养分丰缺指标田间试验也可采用"3414"部分实施方案。"3414"方案中的处理1为空白对照（CK），处理6为全肥区（NPK），处理2、4、8为缺素区（即 PK、NK 和 NP）。收获后计算产量，用缺素区产量占全肥区产量百分数即相对产量的高低来表达土壤养分的丰缺情况。相对产量低于50％的土壤养分为极低；相对产量50％～60％（不含）为低，60％～70％（不含）为较低，70％～80％（不含）为中，80％～90％（不含）为较高，90％（含）以上为高（也可根据当地实际确定分级指标），从而确定适用于某一区域、某种作物的土壤养分丰缺指标及对应的肥料施用数量。对该区域其他田块，通过土壤养分测试，就可以了解土壤养分的丰缺状况，提出相应的推荐施肥。

（四）养分平衡法

1. 基本原理与计算方法 根据作物目标产量需肥量与土壤供肥量之差估算施肥量，计算公式为：

$$施肥量（千克/亩）=\frac{目标产量所需养分总量－土壤供肥量}{肥料中养分含量×肥料当季利用率}$$

养分平衡法涉及目标产量、作物需肥量、土壤供肥量、肥料利用率和肥料中有效养分含量五大参数。土壤供肥量即为"3414"方案中处理1的作物养分吸收量。目标产量确定后因土壤供肥量的确定方法不同，形成了地力差减法和土壤有效养分校正系数法两种。

地力减差法是根据作物目标产量与基础产量之差来计算施肥量的一种方法。其计算公式为：

$$施肥量（千克/亩）=\frac{（目标产量－基础产量）×单位经济产量养分吸收率}{肥料中养分含量×肥料利用率}$$

基础产量即为"3414"方案中处理1的产量。

土壤有效养分校正系数法是通过测定土壤有效养分含量来计算施肥量。其计算公式为：

$$施肥量（千克/亩）=\frac{作物单位产量养分吸收量×目标产量－土壤测试值×0.15×土壤有效养分校正系数}{肥料中养分含量×肥料利用率}$$

2. 有关参数的确定

目标产量：

目标产量可采用平均单产法来确定。平均单产法是利用施肥区前3年平均单产和年递增率为基础确定目标产量，其计算公式是：

$$目标产量（千克/亩）=（1+递增率）×前 3 年平均单产（千克/亩）$$

一般粮食作物的递增率为 10%～15%，露地蔬菜为 20%，设施蔬菜为 30%。

作物需肥量：

通过对正常成熟的农作物全株养分的分析，测定各种作物百千克经济产量所需养分量，乘以目标产量即可获得作物需肥量。

$$作物目标产量所需养分量（千克）=\frac{目标产量（千克）×百千克产量所需养分量（千克）}{100}$$

土壤供肥量：

土壤供肥量可以通过测定基础产量、土壤有效养分校正系数两种方法估算：

通过基础产量估算（处理 1 产量）：不施肥区作物所吸收的养分量作为土壤供肥量。

$$土壤供肥量（千克）=\frac{不施养分区农作物产量（千克）×百千克产量所需养分量（千克）}{100}$$

通过土壤有效养分校正系数估算：将土壤有效养分测定值乘一个校正系数，以表达土壤"真实"供肥量。该系数称为土壤养分校正系数。

$$土壤有效养分校正系数（%）=\frac{缺素区作物地上部分吸收该元素量（千克/亩）}{该元素土壤测定值（毫克/千克）×0.15}$$

肥料利用率：

一般通过差减法来计算：利用施肥区作物吸收的养分量减去不施肥区农作物吸收的养分量，其差值视为肥料供应的养分量，再除以所用肥料养分量就是肥料利用率。

$$肥料利用率（%）=\frac{施肥区农作物吸收养分量（千克/亩）-缺素区农作物吸收养分量（千克/亩）}{肥料施用量（千克/亩）×肥料中养分含量（%）}×100$$

上述公式以计算氮肥利用率为例来进一步说明：

施肥区（$N_2P_2K_2$ 区）农作物吸收养分量（千克/亩）："3414"方案处理 6 的作物总吸氮量。

缺氮区（$N_0P_2K_2$ 区）农作物吸收养分量（千克/亩）："3414"方案处理 2 的作物总吸氮量。

肥料施用量（千克/亩）：施用的氮肥肥料用量。

肥料中养分含量（%）：施用的氮肥肥料所标明含氮量。

如果同时使用了不同品种的氮肥，应计算所用的不同氮肥品种的总氮量。

肥料养分含量：

供施肥料包括无机肥料与有机肥料。无机肥料、商品有机肥料含量按其标明量，不明养分含量的有机肥料养分含量可参照当地不同类型有机肥养分平均含量获得。

第二节　玉米测土配方施肥

一、玉米的需肥特征

（一）玉米对肥料三要素的需要量

玉米是需肥水较多的高产作物，一般随着产量提高，所需营养元素也在增加。玉米全生育期吸收的主要养分中。以氮为多、钾次之、磷较少。玉米对微量元素尽管需要量少，但不可忽视，特别是随着施肥水平提高，施用微肥的增产效果更加显著。

玉米单位籽粒产量吸氮量和吸磷量随产量的提高而下降，而吸钾量则随产量的提高而增加。产量越高，单位籽粒产品产量所需氮、磷越少，吸氮、磷的变幅越小，也越有规律性，单位氮素效益不断提高。

综合试验数据，每生产 100 千克玉米籽粒，需吸收纯氮 2.57 千克、磷 0.86 千克、钾 2.14 千克。肥料吸收量常受播种季节、土壤、肥力、肥料种类和品种特性的影响。据多点试验，玉米植株对氮、磷、钾的吸收量常随产量的提高而增多。

（二）玉米对养分需求的特点

玉米吸收的矿质元素多达 20 余种，主要有氮、磷、钾三种大量元素，硫、钙、镁等中量元素，铁、锰、硼、铜、锌、钼等微量元素。

1. 氮 氮在玉米营养中占有突出地位。氮是植物构成细胞原生质、叶绿素以及各种酶的必要因素。因而氮对玉米根、茎、叶、花等器官的生长发育和体内的新陈代谢作用都会产生明显的影响。

玉米缺氮，株形细瘦，叶色黄绿。首先是下部老叶从叶尖开始变黄，然后沿中脉伸展呈楔形（V），叶边缘仍呈绿色，最后整个叶片变黄干枯。缺氮还会引起雌穗形成延迟，甚至不能发育，或穗小、粒少、产量降低。

2. 磷 磷在玉米营养中也占重要地位。磷是核酸、核蛋白的必要成分，而核蛋白又是植物细胞原生质、细胞核和染色体的重要组成部分。此外，磷对玉米体内碳水化合物代谢有很大作用。由于磷直接参与光合作用过程，有助于合成双糖、多糖和单糖；磷促进蔗糖的植株体内运输；磷又是三磷酸腺苷和二磷酸腺苷的组成成分。这说明磷对能量传递和贮藏都起着重要作用。良好的磷素营养，对培育壮苗、促进根系生长，提高抗寒、抗旱能力都具有实际意义。在生长后期，磷对植株体内营养物质运输、转化及再分配、再利用有促进作用。磷由茎、叶转移到果穗中，参与籽粒中的淀粉合成，使籽粒积累养分顺利进行。

玉米缺磷，幼苗根系发育减弱，生长缓慢，叶色紫红；开花期缺磷，抽丝延迟，雌穗受精不完全，发育不良，粒行不整齐；后期缺磷，果穗成熟推迟。

3. 钾 钾对维持玉米植株的新陈代谢和其他功能的顺利进行起着重要作用。因为钾能促进胶体膨胀，使细胞质和细胞壁维持正常状态，由此保证玉米植株多种生命活动的进行。此外，钾还是某些酶系统的活化剂，在碳水化合物代谢中起着重要作用。总之，钾对玉米生长发育以及代谢活动的影响是多方面的。如对根系的发育，特别是须根形成、体内淀粉合成、糖分运输、抗倒伏、抗病虫害都起着重要作用。

玉米缺钾，生长缓慢，叶片黄绿色或黄色。首先是老叶边缘及叶尖干枯呈灼烧状是其突出的标志。缺钾严重时，生长停滞、节间缩短、植株矮小；果穗发育不正常，常出现秃顶；籽粒淀粉含量减低，粒重减轻；容易倒伏。

4. 硼 硼能促进花粉健全发育，有利于授粉、受精，结实饱满。硼还能调节与多酚氧化酶有关的氧化作用。

玉米缺硼，在玉米早期生长和后期开花阶段植株呈现矮小，生殖器官发育不良，易成空秆或败育，造成减产。缺硼植株新叶狭长，叶脉间出现透明条纹，稍后变白变干；缺硼严重时，生长点死亡。

5. 锌 锌是对玉米影响比较大的微量元素，锌的作用在于影响生长素的合成，并在光合作用和蛋白质合成过程中起促进作用。

玉米缺锌，因生长素不足而细胞壁不能伸长，玉米植株发育甚慢，节间变短。幼苗期和生长中期缺锌，新生叶片下半部呈现淡黄色、甚至白色，故也叫"白苗病"；叶片成长后，叶脉之间出现淡黄色斑点或缺绿条纹，有时中脉与边缘之间出现白色或黄色组织条带或是坏死斑点，此时叶面都呈现透明白色，风吹易折；严重缺锌时，开始叶尖呈淡白色泽病斑，之后叶片突然变黑，几天后植株完全死亡。玉米中后期缺锌，使抽雄期与雌穗吐丝期相隔日期加大，不利于授粉。

6. 锰 玉米对锰较为敏感。锰对植物的光合作用关系密切，能提高叶绿素的氧化还原电位，促进碳水化合物的同化，并能促进叶绿素形成。锰对玉米的氮素营养也有影响。

玉米缺锰，其症状是顺着叶片长出黄色斑点和条纹，最后黄色斑点穿孔，表示这部分组织破坏而死亡。

7. 钼 钼是硝酸还原酶的组成成分。缺钼将减低硝酸还原酶的活性，妨碍氨基酸、蛋白质的合成，影响正常氮代谢。

玉米缺钼，植株幼嫩叶首先枯萎，随后沿其边缘枯死；有些老叶顶端枯死，继而叶边和叶脉之间发展枯斑甚至坏死。

8. 铜 铜是玉米植株内抗坏血酸氧化酶、多酚氧化酶等的成分，因而能促进代谢活动；铜与光合作用也有关系；铜又存在于叶绿体的质体蓝素中，它是光合作用电子供求关系体系的一员。

玉米缺铜，叶片缺绿，叶顶干枯，叶片弯曲、失去膨胀压，叶片向外翻卷。严重缺铜时，正在生长的新叶死亡。因铜能与有机质形成稳定性强的螯合物，所以高肥力地块易缺有效铜。

（三）玉米各生育期对三要素的需求规律

玉米苗期生长相对较慢，只要施足基肥，便可满足其需要；拔节以后至抽雄前，茎叶旺盛生长，内部的生殖器官同时也迅速分化发育，是玉米一生中养分需求最多的时期，必须供应足够的养分，才能达到穗大、粒多、高产的目的；生育后期，籽粒灌浆时间较长，仍需供应一定的肥、水，使之不早衰，确保灌浆充分。一般来讲，玉米有两个需肥关键时期，一是拔节至孕穗期；二是抽雄至开花期。玉米对肥料三要素的吸收规律为：

1. 氮素的吸收 玉米苗期至拔节期氮素吸收量占总氮量的 $10.4\%\sim12.3\%$，拔节期至抽丝初期氮吸收量占总氮量的 $66.5\%\sim73\%$，籽粒形成至成熟期氮的吸收量占总氮量的 $13.7\%\sim23.1\%$。

随产量水平的提高，各生育阶段吸氮量相应增加，但各阶段吸氮量的增加量不同。如产量从每亩 432.7 千克提高到了每亩 686 千克，出苗至拔节期吸氮量约增加了 1.22 千克，拔节至吐丝期约增加了 0.74 千克，吐丝至成熟期则增加了 3 千克。随产量水平的提高，玉米在各阶段吸氮量的比例在拔节至吐丝期减少，吐丝期至成熟期，这一阶段的吸氮比例明显增加。因此，提高玉米产量，在适量增加前、中期吸氮的基础上，重点增加吐丝后的吸氮量。

2. 磷素的吸收 玉米苗期吸磷少，约占总磷量的 1%，但相对含量高，是玉米需磷的敏感期；抽雄期吸磷达高峰，占总磷量的 38.8%～46.7%；籽粒形成期吸收速度加快，乳熟至蜡熟期达最大值，成熟期吸收速度下降。

产量水平提高，各生育阶段吸磷量相应增加，但以吐丝至成熟阶段增加量为主，拔节至吐丝阶段为次。但随产量水平的提高，各生育阶段吸磷量占一生总吸磷量的比例前期略有增加，中期有所下降，后期变化不大。表明提高玉米产量，在增加前期吸磷的基础上，重点增加中后阶段特别是花后阶段的吸磷量。

3. 钾素的吸收 玉米钾素的吸收累计量在展三叶期仅占总量的 2%，拔节后增至40%～50%，抽雄吐丝期达总量的 80%～90%，籽粒形成期钾的吸收处于停止状态。由于钾的外渗、淋失，成熟期钾的总量有降低的趋势。

随产量水平的提高，各生育阶段吸钾量相应增加，但以拔节至吐丝阶段吸钾量增加最大，吐丝至成熟阶段其次，出苗至拔节阶段吸钾量增加量最少。因此，提高玉米产量，应重视各生育阶段，尤其是拔节至吐丝阶段群体的吸钾量。

二、高产栽培配套技术

1. 品种选择和处理 选用本县常年种植面积较大的康地 3564、先玉 335、农大 84 等品种。种子质量要达国家一级标准，播前须进行包衣处理，以控制地老虎、蛴螬、蝼蛄等地下害虫、丝黑穗病、瘤黑粉病、大小斑病等病害的危害。

2. 秸秆还田，培肥地力 玉米收获后，及时将秸秆粉碎翻压还田，培肥地力。

3. 实行机械播种，地膜覆盖 4 月中下旬，用玉米铺膜播种机进行播种，亩播量为2～2.5 千克，1.2 米一带，一带一膜，一膜双行，亩保苗 3 000～4 000 株，播期不能太晚，确保苗全、苗齐、苗匀。

4. 病虫草害综合防治 本县玉米生产中常见和多发的有害生物有：玉米蚜、红蜘蛛、玉米螟、地老虎、蛴螬、蝼蛄、金针虫、丝黑穗病、瘤黑粉病、粗缩病、大小斑病、杂草等。其防治的基本策略是：播种前清洁田园，压低病虫草基数；播种时选用抗、耐病（虫）品种并且选用包衣种子，杜绝种子带菌，消灭苗期病虫害。一旦发生病虫危害及时对症选用农药防治。玉米播后苗前，亩用 250～300 毫升 40%乙莠水悬浮剂兑水 50 千克喷于地表防除杂草。玉米 2～6 叶期亩用 4%烟嘧磺隆油悬浮剂 120 毫升防治苗期单双子叶杂草。玉米 8～10 叶期，亩用 20%百草枯水剂 100～150 毫升，兑水 50～75 千克行间定向喷雾防除杂草。在玉米大喇叭口期亩用辛硫磷颗粒剂 1.5 千克撒入玉米心叶内，防治玉米螟。7 月下旬后如有红蜘蛛发生，可用阿维菌素进行防治。

5. 适时收获、增粒重、促高产 一般情况下应蜡熟后期收获。

玉米施肥技术

1. 氮素的管理

$$总量控制：施氮量（千克/亩）＝\frac{单位产量需氮量×目前产量/100－土测值×0.15×校正系数}{0.4}$$

目标产量：根据平遥县近年来的实际，按低、中、高3个肥力等级，目标产量设置为500千克/亩、600千克/亩、700千克/亩、800千克/亩。

单位产量吸氮量：100千克籽粒需氮2.57千克计算。

施肥时期及用量：要求分两次施入，第一次在播种时作基肥施入总量的70%，第二次在大喇叭口期施入总量的30%。

2. 磷、钾的管理　按每生产100千克玉米籽粒需 P_2O_5 0.86千克，需 K_2O 2.14千克。目标产量为600千克/亩时，亩玉米吸磷量为 $600 \times 0.86/100 = 5.16$（千克），其中约75%的籽粒带走。当耕地土壤有效磷低于15毫克/千克时，磷肥的管理目标是通过增施磷肥提高作物产量和土壤有效磷含量，磷肥施用量为作物带走量的1.5倍，施磷量（千克/亩）$=5.16$ 千克/亩 $\times 75\% \times 1.5$；当耕地土壤有效磷为15~25毫克/千克时，磷肥的管理目标是维持现有土壤有效磷水平，磷肥用量等于作物带走量，磷肥量 $=5.16$ 千克/亩 $\times$ 75%；当耕地土壤有效磷高于25毫克/千克时，施磷的增产潜力不大，每亩只适当补充1~2千克 P_2O_5 即可。

目标产量为600千克/亩时，亩玉米吸钾量为 $600 \times 2.14/100 = 12.84$（千克），其中约27%被籽粒带走。当耕地土壤速效钾低于100毫克/千克时，钾肥的管理目标是通过增施钾肥提高作物产量和土壤速效钾含量，钾肥施用量为作物带走量的1.5倍，亩施钾量为 $12.84 \times 27\% \times 1.5$ 千克；当耕地土壤速效钾为100~150毫克/千克时，钾肥的管理目标是维持现有土壤速效钾水平，钾肥施用量等于作物的带走量，亩施钾量为：$12.84 \times 27\%$ 千克；当耕地土壤速效钾在150毫克/千克以上时，施钾肥的增产潜力不大，一般地块可不施钾肥。

三、施肥方案

根据平遥县2009—2011年4 700个采样点化验结果，应用养分平衡法计算公式，结合2009—2011年玉米"3414"试验初步获得的土壤丰缺指标及相应施肥量，制定了全县主要粮食作物玉米配方施肥总方案，即全县的大配方。以每个采样地块所代表区域为一个配方小单元，提出4 700个精准小配方，即大配方小调整。

（1）高产区≥700千克/亩

亩产≥800千克区域配方：亩施优质农肥1 500千克或秸秆还田，化肥配方比例 N-P_2O_5-K_2O 分别为23-12-5，施肥量100千克/亩。

亩产700~800千克区域配方：亩施优质农肥1 500千克或秸秆还田，化肥配方比例 N-P_2O_5-K_2O 分别为25-12-0，施肥量80千克/亩。

（2）中产区：500~700千克/亩

亩产600~700千克区域配方：亩施优质农肥1 500千克或秸秆还田，化肥配方比例 N-P_2O_5-K_2O 分别为18-12-18，施肥量75千克/亩。

亩产500~600千克区域配方：亩施优质农肥1 200千克或秸秆还田，化肥配方比例 N-P_2O_5-K_2O 分别为15-15-10，施肥量70千克/亩。

（3）低产区：≤500千克/亩

亩产 400～500 千克区域配方：亩施优质农肥 1 200 千克或秸秆还田，化肥配方比例 N‐P$_2$O$_5$‐K$_2$O 分别为 12‐7‐4，施肥量 85 千克/亩。

亩产 300～400 千克区域配方：亩施优质农肥 1 000 千克或秸秆还田，化肥配方比例 N‐P$_2$O$_5$‐K$_2$O 分别为 10‐7‐0，施肥量 90 千克/亩；

亩产＜300 千克区域配方：亩施优质农肥 1 000 千克或秸秆还田，化肥配方比例 N‐P$_2$O$_5$‐K$_2$O 分别为 10‐5‐0，施肥量 100 千克/亩。

所有配方磷肥和钾肥作基肥施用，氮肥 2/3 作基肥、1/3 作追肥。作基肥时在播种前采用沟施，施肥深度 10～20 厘米，施后覆土；作追肥时在玉米拔节期与大喇叭口期采用穴施，施肥深度 10～15 厘米，施后覆土。

第八章 耕地地力调查与质量评价的应用研究

第一节 耕地资源合理配置研究

一、耕地数量平衡与人口发展配置研究

平遥县现有耕地 76 万亩，2011 年农业人口数量达 42.84 万人。从耕地保护形势看，由于全县农业内部产业结构调整，退耕还林、公路、乡镇企业基础设施等非农建设占用耕地，导致耕地面积逐年减少。从平遥县人民的生存和全县经济可持续发展的角度出发，采取措施，实现全县耕地总量动态平衡刻不容缓。

实际上，平遥县扩大耕地总量仍有很大潜力，只要合理安排，科学规划，集约利用，就完全可以兼顾耕地与建设用地的要求，实现社会经济的全面、持续发展；从控制人口增长，村级内部改造和居民点调整，退宅还田，围滩造地，开发复垦土地后备资源和废弃地等方面着手增大耕地面积。

二、耕地地力与粮食生产能力分析

（一）耕地粮食生产能力

耕地生产能力是决定粮食产量的决定因素之一。近年来，由于种植结构调整和建设用地，退耕还林还草等因素的影响，粮食播种面积在不断减少，而人口在不断增加，对粮食的需求量也在增加。保证全县粮食需求，挖掘耕地生产潜力已成为农业生产中的大事。

耕地的生产能力是由土壤本身肥力作用所决定的，其生产能力分为现实生产能力和潜在生产能力。

1. 现实生产能力 平遥县现有耕地面积为 76 万亩，而中低产田就有 485 351.85 亩，占总耕地面积的 63.45％，这必然造成全县现实生产能力偏低的现状。再加之农民对施肥，特别是有机肥的忽视，以及耕作管理措施的粗放，这都是造成耕地现实生产能力不高的原因。

2. 潜在生产能力 生产潜力是指在正常的社会秩序和经济秩序下所能达到的最大产量。从历史的角度和长期的利益来看，耕地的生产潜力是比粮食产量更为重要的粮食安全因素。

平遥县土地资源较为丰富，土质较好，光热资源充足。全县现有耕地中低于四级，即亩产量小于 500 千克的耕地有 30 余万亩。经过对全县地力等级的评价得出，全县粮食耕地生产潜力有待挖掘。

纵观全县近年来的粮食、油料、蔬菜作物的平均亩产量和全县农民对耕地的经营状况，全县耕地还有巨大的生产潜力可挖。如果在农业生产中加大有机肥的投入，采取配方施肥措施和科学合理的耕作技术，全县耕地的生产能力还可以提高。从近几年全县对玉米配方施肥观察点经济效益的对比来看，配方施肥区较习惯施肥区的增产率都在12%左右，甚至更高。如果能进一步提高农业投入比重，提高劳动者素质，下大力气加强农业基础建设，特别是农田水利建设，稳步提高耕地综合生产能力和产出能力，实现农林牧的结合就能增加农民经济收入。

（二）不同时期人口、食品构成对粮食需求分析预测

农业是国民经济的基础，粮食是关系国计民生和国家自立与安全的特殊产品。从新中国成立初期到现在，全县人口数量、食品构成和粮食需求都在发生着巨大变化。新中国成立初期居民食品构成主要以粮食为主，也有少量的肉类食品，水果、蔬菜的比重很小。随着社会进步，生产的发展，人民生活水平逐步提高。到20世纪80年代初，居民食品构成依然为粮食为主，但肉类、禽类、油料、水果、蔬菜等的比重均有了较大提高。到2012年，居民食品构成中，粮食所占比重有明显下降，肉类、禽蛋、水产量、乳制品、油料、水果、蔬菜、食糖却都占有相当比重。

平遥县粮食生产还存在着巨大的增长潜力。随着资本、技术、劳动投入、政策、制度等条件的逐步完善，全县粮食的产出与需求平衡，终将成为现实。

（三）粮食安全警戒线

粮食是人类生存和社会发展最重要的产品，是具有战略意义的特殊商品。粮食安全不仅是国家经济持续健康发展的基础，也是社会安定、国家安全的重要组成部分。2008年世界粮食危机已给一些国家经济发展和社会安定造成一定不良影响。近年来，受农资价格上涨，种粮效益低等因素影响，农民种粮积极性不高，全县粮食单产徘徊不前。所以，必须对全县的粮食安全问题给予高度重视。

三、耕地资源合理配置意见

在确保粮食生产安全的前提下，优化耕地资源利用结构，合理配置其他作物占地比例。为确保粮食安全需要，对全县耕地资源进行如下配置：全县现有76万亩耕地，其中50万亩用于种植粮食，以满足全县人口粮食需求；其余26万亩耕地用于蔬菜、水果、中药材、油料等作物生产。

根据《土地管理法》和《基本农田保护条例》划定全县基本农田保护区，将水利条件、土壤肥力条件好，自然生态条件适宜的耕地划为口粮和国家商品粮生产基地，长期不许占用。在耕地资源利用上，必须坚持基本农田总量平衡的原则。一是建立完善的基本农田保护制度，用法律保护耕地；二是明确各级政府在基本农田保护中的责任，严控占用保护区内耕地，严格控制城乡建设用地；三是实行基本农田损失补偿制度，实行谁占用、谁补偿的原则；四是建立监督检查制度，严厉打击无证经营和乱占耕地的单位和个人；五是建立基本农田保护基金，县政府每年投入一定资金用于基本农田建设，大力挖掘潜在存量土地；六是合理调整用地结构，用市场经营利益导向调控耕地。

同时，在耕地资源配置上，要以粮食生产安全为前提，以农业增效、农民增收为目标，逐步提高耕地质量，调整种植业结构，推广应用优质、高效、高产、生态、安全栽培技术，生产优质农产品，提高耕地利用率。

第二节　耕地地力建设与土壤改良利用对策

一、耕地地力现状及特点

此次调查与评价共涉及耕地土壤点位 4 700 个，经过历时 3 年的调查分析，基本查清了全县耕地地力现状与特点。

通过对全县土壤养分含量的分析得知：耕地土壤有机质平均含量为 13.93 克/千克，四级水平；全氮平均含量为 1 克/千克，四级水平；有效磷平均含量为 14.13 毫克/千克，四级水平；速效钾平均含量为 162.84 毫克/千克，缓效钾平均含量为 491.83 毫克/千克，三级水平；有效铁平均含量为 6.6 毫克/千克，四级水平；有效锰平均值为 10.44 毫克/千克，四级水平；有效铜平均含量为 1.2 毫克/千克，三级水平；有效锌平均含量为 1.48 毫克/千克，三级水平；有效硼平均含量为 0.66 毫克/千克，四级水平；有效硫平均含量为 72.38 毫克/千克，三级水平；pH 平均值为 8.38。

（一）耕地土壤养分含量变化明显

从这次调查结果看，随着农业生产的发展及施肥、耕作经营管理水平的变化，耕地土壤有机质及大量元素也随之变化，与 1983 年全国第二次土壤普查时的耕层养分测定结果相比，土壤有机质平均含量 13.93 克/千克，属四级水平，比第二次土壤普查 12.2 克/千克增加了 1.73 克/千克；全氮平均含量 1 克/千克，属四级水平，比第二次土壤普查 0.7 克/千克增加了 0.3 克/千克；有效磷平均含量 14.13 毫克/千克，属四级水平，比第二次土壤普查 5.7 毫克/千克增加了 8.43 毫克/千克；速效钾平均含量 162.84 毫克/千克，属三级水平，比第二次土壤普查 144 毫克/千克增加了 18.84 毫克/千克。

（二）耕作历史悠久，土壤熟化度高

平遥县农业历史悠久，土质良好，绝大部分耕地质地为轻壤，加之多年的耕作培肥，土壤熟化程度高。据调查，有效土层厚度平均达 150 厘米以上，耕层厚度为 15～25 厘米，适种作物广，生产水平高。

二、存在的主要问题及原因分析

（一）中低产田面积较大

据调查，平遥县共有中低产田面积 48 万亩，占耕地总面积 63.45%。共分为坡地梯改型、瘠薄培肥型、干旱灌溉型、盐碱耕地型 4 种类型。

中低产田面积大，类型多。主要原因：一是自然条件恶劣，全县地形复杂，水土流失严重；二是农田基本建设投入不足，中低产田改造措施不力；三是耕地土壤施肥投入不足，尤其是有机肥施用量仍处于低水平状态。

（二）耕地地力不足，耕地生产率低

平遥县耕地虽然经过山、水、田、林、路综合治理，农田生态环境不断改善，耕地单产、总产呈现上升趋势。但近年来，农业生产资料价格一再上涨，农业成本较高，甚至出现种粮赔本现象，大大挫伤了农民种粮的积极性。一些农民通过增施化肥取得产量，耕作粗放，结果致使土壤结构变差，造成土壤肥力降低。

（三）施肥结构不合理

作物每年从土壤中带走大量养分，主要是通过施肥来补充。因此，施肥直接影响到土壤中各种养分的含量。近几年来施肥上存在的问题，突出表现在"五重五轻"；第一，重特色产业，轻普通作物；第二，重复混肥料，轻专用肥料。随着我国化肥市场的快速发展，复混（合）肥异军突起，其应用对土壤养分变化也有影响，许多复混（合）肥杂而不专，农民对其依赖性较大，而对于自己所种作物需什么肥料、土壤缺什么元素并不清楚，导致盲目施肥；第三，重化肥使用，轻有机肥使用。近些年来，农民将大部分有机肥施于菜田，特别是优质有机肥，而占很大比重的耕地有机肥却施用不足；第四，重氮磷肥轻钾肥；第五，重大量元素肥轻中微量元素肥。

三、耕地培肥与改良利用对策

（一）多种渠道提高土壤有机质

1. 增施有机肥，提高土壤有机质　近几年，由于农家肥来源不足和化肥的发展，全县耕地有机肥施用量不够。可以通过以下措施加以解决：①广种饲草，增加畜禽，以牧养农；②大力种植绿肥。种植绿肥是培肥地力的有效措施，可以采用粮肥间作或轮作制度；③大力推广秸秆粉碎翻压还田，这是目前增加土壤有机质最有效的方法。

2. 合理轮作，挖掘土壤潜力　不同作物需求养分的种类和数量不同，根系深浅不同，各种作物遗留残体成分也有较大差异。因此，通过不同作物合理轮作倒茬，保障土壤养分平衡。要大力推广粮、油轮作，经、粮间作，立体种植等技术模式，实现土壤养分协调利用。

（二）巧施氮肥

速效性氮肥极易分解，通常施入土壤中的氮素化肥的利用率只有 $25\%\sim50\%$，或者更低。这说明施入土壤中的氮素，挥发渗漏损失严重。所以，在施用氮肥时一定注意施肥量、施肥方法和施肥时期，提高氮肥利用率，减少损失。

（三）重施磷肥

平遥县地处黄土高原，大多为石灰性土壤，土壤中的磷常被固定，而不能发挥肥效。加上长期以来群众重氮轻磷，作物吸收的磷得不到及时补充。试验证明，在缺磷土壤上增施磷肥增产效果明显，配合增施人粪尿、畜禽肥等有机肥，其中的有机酸和腐殖酸可以促进非水溶性磷的溶解，提高磷素的活性。

（四）因土施用钾肥

平遥县土壤中钾的含量虽然在短期内不会成为限制农业生产的主要因素，但随着农业生产进一步发展和作物产量的不断提高，土壤中有效钾的含量也会处于不足状态，所以在

生产中，定期监测土壤中钾的动态变化，及时补充钾素。

（五）注重施用微肥

微量元素肥料，作物的需要量虽然很少，但对提高农产品产量和品质却有大量元素不可替代的作用。据调查，全县土壤硼、锌等含量均不高，近年来谷子施硼、玉米施锌施钾试验，增产效果很明显。

（六）因地制宜，改良中低产田

平遥县中低产田面积比例大，影响了耕地地力水平。因此，要从实际出发，分类配套改良技术措施，进一步提高全县耕地地力质量。

第三节　农业结构调整与适宜性种植

近些年来，平遥县农业的发展和产业结构调整工作取得了突出的成绩，但干旱、盐碱胁迫严重，土壤肥力有所减退，抗灾能力薄弱，生产结构不良等问题，仍然十分严重。因此，为适应 21 世纪我国农业发展的需要，增强平遥县优势农产品参与市场竞争的能力，有必要进一步对全县的农业结构现状进行战略性调整，从而促进全县高效农业的发展，实现农民增收。

一、农业结构调整的原则

为适应我国社会主义农业现代化的需要，在调整种植业结构中，遵循下列原则：

一是与国际农产品市场接轨，以增强全县农产品在国际、国内经济贸易中的竞争力为原则。

二是以充分利用不同区域的生产条件、技术装备水平及经济基础条件，达到趋利避害，发挥优势的调整原则。

三是以充分利用耕地评价成果，正确处理作物与土壤间、作物与作物间的合理调整为原则。

四是采用耕地资源管理信息系统，为区域结构调整的可行性提供宏观决策与技术服务的原则。

五是保持行政村界线的基本完整的原则。

根据以上原则，在今后一段时间内将紧紧围绕农业增效、农民增收这个目标，大力推进农业结构战略性调整，最终提升农产品的市场竞争力，促进农业生产向区域化、优质化、产业化发展。

二、农业结构调整的依据

通过本次对平遥县种植业布局现状的调查，综合验证，认识到目前的种植业布局还存在许多问题，需要在区域内部加大调整力度，进一步提高生产力和经济效益。

根据此次耕地质量的评价结果，安排全县的种植业内部结构调整，应依据不同地貌类型耕地综合生产能力和土壤环境质量两方面的综合考虑，具体为：

一是按照不同地貌类型，因地制宜规划，在布局上做到宜农则农，宜林则林，宜牧则牧。

二是按照耕地地力评价出一至六个等级标准，在各个地貌单元中所代表面积的数值衡量，以适宜作物发挥最大生产潜力来分布，做到高产高效作物分布在一至二级耕地为宜，中低产田应在改良中调整。

三是按照土壤环境的污染状况，在面源污染、点源污染等影响土壤健康的障碍因素中，以污染物质及污染程度确定，做到该退则退，该治理的采取消除污染源及土壤降解措施，达到无公害绿色产品的种植要求，来考虑作物种类的布局。

三、土壤适宜性及主要限制因素分析

平遥县土壤因成土母质不同，土壤质地也不一致。总的来说，本县的土壤大多为轻壤质地，在农业上是一种质地理想的土壤，其性质兼有沙土和壤土之优点，而克服了沙土和黏土之缺点。它既有一定数量的大孔隙，还有较多的毛管孔隙，故通透性好，保水保肥性较强，耕性好，宜耕期长，好促苗，发小又养老。因此，综合以上土壤特性，本县土壤适宜性强，玉米、水稻、高粱、马铃薯、大豆、黍谷等粮食作物及经济作物，如蔬菜、西瓜、药材、苹果、梨等都适宜在本县种植。

但种植业的布局除了受土壤质地作用外，还要受到地理位置、水分条件等自然因素和经济条件的限制，在山地、丘陵等地区，由于此地区沟壑纵横，土壤肥力较低，土壤较干旱，气候凉爽，农业经济条件也较为落后。因此，要在管理好现有耕地的基础上，将智力、资金和技术逐步转移到非耕地的开发上，大力发展林、牧业，建立农、林、牧结合的生态体系，使其成为林、牧产品生产基地。在沿河地区由于土地平坦，水源较丰富，是本县土壤肥力较高的区域，故应充分利用地理、经济、技术优势，在决不放松粮食生产的前提下，积极开展多种经营，实行粮、菜、果全面发展。

在种植业的布局中，必须充分考虑到各地的自然条件、经济条件，合理利用自然资源，对布局中遇到的各种限制因素，应考虑到它影响的范围和改造的可行性，合理布局生产，最大限度地、持久地发掘自然的生产潜力，做到地尽其力。

四、种植业布局分区建议

根据平遥县种植业结构调整的原则和依据，结合本次耕地地力调查与质量评价结果，将平遥县划分为两大产业带，即汾河沿岸的高效农业种植带和东部丘陵山区林果种植带。

（一）汾河河沿岸的高效农业种植带

1. 区域特点 本区土壤肥沃，地势平坦，交通便利，主要为我县的一级、二级耕地。适宜发展优质、高效农业。

2. 种植业发展方向 坚持"以市场为导向、以效益为目标"的原则，主攻玉米、水稻、蔬菜的生产，建立无公害、绿色、有机蔬菜生产基地。

3. 主要保障措施

(1) 良种良法配套，提高品质，增加产出，增加效益。

(2) 增施有机肥料，有效提高土壤有机质含量。

(3) 重点建好日光温室基地，发展无公害、绿色、有机果菜，提高市场竞争力。

(4) 加强技术培训，提高农民素质。

(二) 东部丘陵山区的林果种植带

1. 区域特点 本区地广人稀，土壤贫瘠，沟壑纵横。

2. 种植业发展方向 本区林果为发展方向，大力发展苹果、梨、核桃等干鲜果，按照市场需求和粮食加工业的要求，优化结构，合理布局，引进新优品种，建立无公害、绿色食品生产基地。

平遥县丘陵区在古代就是果树之乡，果树品种资源丰富，种类繁多，红枣、核桃、葡萄、杏、李、槟沙果等干鲜水果在历史上就久负盛名。

平遥县干果经济林在本县具有广阔的地域分布和悠久的栽培历史，长期以来，以其经济寿命长、适应能力强和营养价值高而被人们广为称道。据统计资料，目前全县干果经济林面积为 10 万亩，主要分布于本县丘陵山区及丘陵向平川的卜宜、东泉、朱坑、岳壁等过渡地带，其他乡（镇）有零星分布。其中常规栽培品种如枣树、核桃等为 9 万亩，柿树、花椒、山楂、杏、沙棘、榛果等约 1 万亩。在整体布局上，多以小片零散分布居多，连续分布面积一般在千亩以下；在品种及树龄结构上，低山及丘陵区以枣树、核桃的低质老龄树为主，约占总量的 80%；经营方式主要以农户分散经营为主。

由于平遥县特别是丘陵区具有适于水果生产的土壤水分等有利自然条件，同时还具有最主要的温度、光照等主要气候条件，果树生长期间，丘陵区昼夜温差大于 10℃，有效积温 3 675℃，利于果实膨大期养分积累，日照平均 2 667.7 小时，特别是 8～9 月苹果成熟期间日照高于 1 700 小时，利于果实着色。因此，本县生产的水果风味浓、品质好、着色鲜艳、果形端正、含糖量高、硬度大。平遥县果树品种分布具有明显的时段性。

20 世纪 50 年代末，襄垣乡府底、长则；岳壁乡东郭村；朱坑乡郭休村；洪善镇新胜村开始试栽苹果；60～70 年代初丘陵山区果园面积逐年扩大，到 1979 年建成果园 4 923 亩，年产苹果 180 吨；80 年代开始引进短枝型红富士、新红星等新品种，种植面积不断扩大。到 1996 年年底，全县苹果园面积发展到 2.6 万亩，零星种植 15.29 万株，年产量 1.25 万吨。

平遥县梨树种植始于清代，1949 年全县仅有 7 株梨树，1956 年岳壁乡东九龙村从河北赵县引进梨树苗，当年发展 662 株，1957 年发展为 1 992 株，年产梨 2.25 吨。20 世纪 60～70 年代初有所发展，1979 年全县梨园 490 亩，年产梨 145 吨；80 年代梨树发展迅速，到 1996 年全县梨园 4 685 亩，零星种植 4.91 万株，年产梨 3 643 吨。

现在水果产业已经发展成为本县农民增收的支柱产业之一，至 2011 年底水果总面积达 18.67 万亩，其中苹果 9 万亩，梨 9.05 万亩，葡萄 0.12 万亩，桃 0.2 万亩，杏 0.2 万亩，其他 0.1 万亩。

与蓬勃发展的果树产业相对应，平遥县的果树管理水平也有了相当高的水准。诸如配方施肥，合理整形修剪，果实套袋，人工授粉，疏花疏果，及时病虫害防治，果园生物覆盖等技术已在平遥县普遍推广开来。平衡配套施肥方面重点推广斤果斤肥（有机肥）、测土配肥和锌、硼等微量元素施用技术，整形修剪重点推广纺锤形（每亩80株以上）、小冠形（每亩40～80株）。果实套袋在历年套纸袋基础上，又开始发展套塑料袋和玻璃瓶，梨树套袋率达100%。近几年来红星苹果为保持原有果形，还推广了喷果形剂技术，在古县镇南部还发展果园生物覆盖技术，覆盖面积占到全县果树面积的10%。先进的管理技术换来了巨大的经济效益，2011年全县水果总产量16.5万吨。

3. 主要保障措施

（1）加大土壤培肥力度，全面推广多种形式的秸秆还田技术，增施有机肥，以增加土壤有机质，改良土壤理化性状。

（2）注重作物合理轮作，坚决杜绝连茬多年的习惯。

（3）全力以赴搞好绿色、无公害、有机农产品基地建设，通过标准化建设、模式化管理、无害化生产技术应用，使基地取得明显的经济效益和社会效益。

（4）搞好测土配方施肥，增加微肥的施用。

（5）进一步抓好平田整地，整修梯田，建设三保田。

（6）积极推广旱作技术和高产综合配套技术，提高科技含量。

第四节　耕地质量管理对策

一、建立依法管理体制

耕地地力调查与质量评价成果为平遥县耕地质量管理提供了依据，耕地质量管理决策的制定，成为全县农业可持续发展的核心内容。

（一）工作思路

以发展优质、高产、高效、安全农业为目标，以耕地质量动态监测管理为核心，以耕地地力改良利用为重点，满足人民日益增长的农产品需求。

（二）建立完善的行政管理机制

1. 制订总体规划　坚持"因地制宜、统筹兼顾，局部调整、挖掘潜力"的原则，制订全县耕地地力建设与土壤改良利用总体规划。实行耕地用养结合，划定中低产田改良利用范围和重点，分区制定改良措施，严格统一组织实施。

2. 建立依法保障体系　制定并颁布《平遥县耕地质量管理办法》，设立专门监测管理机构，县、乡、村三级设定专人监督指导，分区布点，建立监控档案，依法检查污染区域项目治理工作，确保工作高效到位。

3. 加大资金投入　县政府要加大资金支持，县财政每年从农发资金中列支专项资金，用于全县中低产田改造和耕地污染区域综合治理，建立财政支持下的耕地质量信息网络，推进工作有效开展。

（三）强化耕地质量技术实施

1. 提高土壤肥力　组织县、乡农业技术人员实地指导，组织农户合理轮作，配方施肥、安全施药、施肥，推广秸秆还田、种植绿肥、施用生物菌肥，多种途径提高土壤肥力，降低土壤污染，提高土壤质量。

2. 改良中低产田 实行分区改良，重点突破。灌溉改良区重点增加二级阶地深井数量，扩大灌溉面积；丘陵、山区中低产区要广辟肥源，深耕保墒，轮作倒茬，粮草间作，扩大植被覆盖率，修整梯田，达到增产增效目标。

二、建立和完善耕地质量监测网络

随着平遥县工业化进程的不断加快，工业污染日益严重，在重点工业生产区域建立耕地质量监测网络已迫在眉睫。

1. 设立组织机构 耕地质量监测网络建设，涉及环保、土地、水利、经贸、农业等多个部门，需要县政府协调支持，成立依法行政管理机构。

2. 配置监测机构 由县政府牵头，各职能部门参与，组建平遥县耕地质量监测领导小组，在县农委下设办公室，设定专职领导与工作人员，制定工作细则和工作制度，强化监测手段，提高行政监测效能。

3. 加大宣传力度 采取多种途径和手段，加大《中华人民共和国环境保护法》宣传力度，在重点排污企业及周围乡村印刷宣传广告，大力宣传环境保护政策及科普知识。

4. 建立监测网络 在全县依据此次耕地质量调查评价结果，划定安全、非污染、轻污染、中度污染、重污染五大区域，每个区域确定10～20个点，定人、定时、定点取样监测检验，填写污染情况登记表，建立耕地质量监测档案。对污染区域的污染源，要查清原因，由县耕地质量监测机构依据检测结果，强制企业污染限期限时达标治理。对未能限期达标企业，一律实行关停整改，达标后方可生产。

5. 加强农业执法管理 由县农业、环保、质检行政部门组成联合执法队伍，宣传农业法律知识，对市场化肥、农药实行市场统一监控、统一发布，将假冒农用物资一律依法查封销毁。

6. 改进治污技术 对不同污染企业采取烟尘、污水、污渣分类科学处理转化。对工业污染河道及周围农田，采取有效物理、化学降解技术，降解汞、镍及其他金属污染物，并在河道两岸50米栽植花草、林木，净化河水，美化环境；对化肥、农药污染农田，要划区治理，积极利用农业科研成果，组成科技攻关组，引试降解剂，逐步消解污染物。

7. 推广农业综合治理技术 在增施有机肥降解大田农药、化肥及垃圾废弃物污染的同时，积极宣传推广微生物菌肥，以改善土壤的理化性状，改变土壤溶液酸碱度，改善土壤团粒结构，减轻土壤板结，提高土壤保水、保肥性能。

三、农业税费政策与耕地质量管理

目前，农业税费的改革政策必将极大调动农民生产积极性，成为耕地质量恢复与提高的内在动力，对全县耕地质量的提高具有以下几个作用：

1. 加大耕地投入，提高土壤肥力 全县中低产田分布区域广，粮食生产能力较低。税费改革政策的落实有利于提高单位面积耕地养分投入水平，逐步改善土壤养分含量，改善土壤理化性状，提高土壤肥力，保障粮食产量恢复性增长。

2. 改进农业耕作技术，提高土壤生产性能 农民积极性的调动，成为耕地质量提高的内在动力，将促进农民平田整地，耙糖保墒，加强耕地机械化管理，缩减中低产田面积，提高耕地地力等级水平。

3. 采用先进农业技术，增加农业比较效益 采取有机旱作农业技术，合理优化适栽技术，加强田间管理，节本增效，提高农业比较效益。

农民以田为本，以田谋生，农业税费政策出台以后，土地属性发生变化，农民由有偿支配变为无偿使用，成为农民家庭财富一部分，对农民增收和国家经济发展将起到积极的推动作用。

四、扩大无公害、绿色、有机农产品生产规模

在国际农产品质量标准市场一体化的形势下，扩大全县无公害、绿色、有机农产品生产成为满足社会消费需求和农民增收的关键。

(一) 理论依据

综合评价结果，耕地无污染，果园无污染，适宜生产无公害、绿色、有机农产品，适宜发展绿色农业。

(二) 扩大生产规模

在平遥县发展绿色、有机、无公害农产品，扩大生产规模，要以耕地地力调查与质量评价结果为依据，充分发挥区域比较优势，合理布局，规模调整，实施"无公害、绿色、有机农产品生产基地建设"工程。

(三) 配套管理措施

1. 建立组织保障体系 成立平遥县无公害农产品生产领导小组，下设办公室，地点在县农委。组织实施项目列入县政府工作计划，单列工作经费，由县财政负责执行。

2. 加强质量检测体系建设 成立县级无公害、绿色、有机农产品质量检验技术领导小组，下设县、乡两级监测检验网点，配备设备及人员，制定工作流程，强化监测检验手段，提高监测检验质量，及时指导生产基地技术推广工作。

3. 制定技术规程 组织技术人员制定全县无公害农产品生产技术操作规程，重点抓好配方施肥，合理施用农药，细化技术环节，实现标准化生产。

4. 打造品牌 重点打造好无公害、绿色、酥梨、蔬菜等品牌农产品的生产经营。

五、加强农业综合技术培训

自 20 世纪 80 年代起，平遥县就建立起县、乡、村三级农业技术推广网络。由县农业技术推广中心牵头，搞好技术项目的组织与实施，负责划区技术指导。行政村配备 1 名科技副村长，在全县设立农业科技示范户。

现阶段，平遥县农业综合技术培训工作一直保持领先，有机旱作、测土配方施肥、生态沼气、无公害蔬菜生产技术推广已取得明显成效。要充分利用这次耕地地力调查与质量

评价，主抓以下几方面技术培训：①宣传加强农业结构调整与耕地资源有效利用的目的及意义；②全县中低产田改造和土壤改良相关技术推广；③耕地地力环境质量建设与配套技术推广；④有机、绿色、无公害农产品生产技术操作规程；⑤农药、化肥安全施用技术培训；⑥农业环境保护相关法律、法规的宣传培训。

通过技术培训，使平遥县农民掌握必要的知识与生产实用技术，推动耕地地力建设，提高农业生态环境、耕地质量环境的保护意识，发挥主观能动性，不断提高全县耕地地力水平，以满足日益增长的人口和物资生活需求，为全面建设小康社会打好农业发展基础平台。

第五节　耕地资源管理信息系统的应用

耕地资源信息系统以一个县行政区域内耕地资源为管理对象，应用 GIS 技术，对辖区内的地形、地貌、土壤、土地利用、农田水利、土壤污染、农业生产基本情况、基本农田保护区等资料进行统一管理，构建耕地资源基础信息系统，并将其数据平台与各类管理模型结合，对辖区内的耕地资源进行系统的动态管理，为农业决策、农民和农业技术人员提供耕地质量动态变化规律、土壤适宜性、施肥咨询、作物营养诊断等多方位的信息服务。

本系统行政单元为村，农业单元为基本农田保护块，土壤单元为土种，系统基本管理单元为土壤、基本农田保护块、土地利用现状叠加所形成的评价单元。

一、领导决策依据

这次耕地地力调查与质量评价直接涉及耕地自然要素、环境要素、社会要素及经济要素 4 个方面，为耕地资源信息系统的建立与应用提供了依据。通过全县生产潜力评价、适宜性评价、土壤养分评价、科学施肥、经济性评价，地力评价及产量预测，及时指导农业生产与发展，为农业技术推广应用做好信息发布，为用户需求分析及信息反馈打好基础。主要依据：一是全县耕地地力水平和生产潜力评估为农业远期规划和全面建设小康社会提供了保障；二是耕地质量综合评价，为领导提供了耕地保护和污染修复的基本思路，为建立和完善耕地质量检测网络提供了方向；三是耕地土壤适宜性及主要限制因素分析为全县农业调整提供了依据。

二、动态资料更新

这次平遥县耕地地力调查与质量评价中，耕地土壤生产性能主要包括地形部位、土体构型、较稳定的理化性状、易变化的化学性状、农田基础建设 5 个方面。耕地地力评价标准体系与 1983 年土壤普查技术标准出现部分变化，耕地要素中基础教据有大量变化，为动态资料更新提供了新要求。

（一）耕地地力动态资源内容更新

1. 评价技术体系有较大变化　这次调查与评价主要运用了"3S"评价技术。在技术方法上，采用了文字评述法、专家经验法、模糊综合评价法、层次分析法、指数法；在技术流程上，应用了叠置法确定评价单元，空间数据与属性数据相连接；采用德尔菲法和模糊综合评价法，确定评价指标；应用层次分析法确定各评价因子的组合权重，用数据标准化计算各评价因子的隶属函数，并将数值进行标准化；应用累加法计算每个评价单元的耕地力综合评价指数，分析综合地力指数，分布划分地力等级，将评价的地方等级归入农业部地力等级体系。采取 GIS、GPS 系统编绘各种养分图和地力等级图等图件。

2. 评价内容有较大变化 除原有地形部位、土体构型等基础耕地地力要素相对稳定以外，土壤物理性状、易变化的化学性状、农田基础建设等要素变化较大，尤其是土壤容重、有机质、pH、有效磷、速效钾指数变化明显。

3. 增加了耕地质量综合评价体系 土样化验检测结果为全县绿色、无公害、有机农产品基地建立和发展提供了理论依据。图件资料的更新变化，为今后全县农业宏观调控提供了技术准备，空间数据库的建立为全县农业综合发展提供了数据支持，加速了全县农业信息化快速发展。

（二）动态资料更新措施

结合这次耕地地力调查与质量评价，平遥县及时成立技术指导小组，确定专门技术人员，从土样采集、化验分析、数据资料整理编辑，电脑网络连接畅通，保证了动态资料更新及时、准确，提高了工作效率和质量。

三、耕地资源合理配置

（一）目的意义

多年来，平遥县耕地资源盲目利用，低效开发，重复建设情况十分严重。随着农业经济发展方向的不断延伸，农业结构调整缺乏借鉴技术和理论依据。这次耕地地力调查与质量评价成果对指导全县耕地资源合理配置，逐步优化耕地利用质量水平，提高土地生产性能和产量水平具有现实意义。

平遥县耕地资源合理配置思路是：以确保粮食安全为前提，以耕地地力质量评价成果为依据，以统筹协调发展为目标，用养结合，因地制宜，内部挖掘，发挥耕地最大生产效益。

（二）主要措施

1. 加强组织管理，建立健全工作机制 县政府要组建耕地资源合理配置协调管理工作体系，由农业、土地、环保、水利、林业等职能部门分工负责，密切配合，协同作战。技术部门要抓好技术方案制定和技术宣传培训工作。

2. 加强农田环境质量检测，抓好布局规划，将企业列入耕地质量检测范围 企业要加大资金投入和技术改造，降低"三废"对周围耕地污染，因地制宜大力发展有机、绿色、无公害农产品优势生产基地。

3. 加强耕地保养利用，提高耕地能力 依照耕地地力等级划分标准，划定全县耕地地力分布界限，推广配方施肥技术，加强农田水利基础设施建设，平田整地，淤地打坝，中低产田改良，植树造林，扩大植被覆盖面，防止水土流失，提高园（梯）田化水平。采用机械耕作，加深耕层，熟化土壤，改善土壤理化性状，提高土壤保水保肥能力。划区制定技术改良方案，将全县耕地地力水平分级划分到村、到户、建立耕地改良档案，定期定人检查验收。

4. 重视粮食生产安全，加强耕地利用和保护管理　根据全县农业发展远景规划目标，要十分重视耕地利用保护与粮食生产之间的关系。人口不断增长，耕地逐步减少，要解决好建设与吃饭的关系，合理利用耕地资源，实现耕地总面积动态平衡，解决人口增长与耕地矛盾，实现农业经济和社会可持续发展。

总之，耕地资源配置，主要是各土地利用类型在空间上的整体布局；另一层含义是指同一土地利用类型在某一地域中是分散配置还是集中配置。耕地资源空间分布结构折射出其地域特征，而合理的空间分布结构可在一定程度上反映自然生态和社会经济系统间的协调程度。耕地的配置方式，对耕地产出效益的影响截然不同。经过合理配置，农村耕地相对规模集中，既利于农业管理，又利于减少投工投资，耕地的利用率将有较大提高。

具体措施：一是严格执行《基本农田保护条例》，增加土地投入，大力改造中低产田，使农田数量与质量稳步提高；二是园地面积要适当调整，淘汰劣质果园，发展优质果品生产基地；三是搞好河道地有效开发，增加可利用耕地面积；四是加大小流域综合治理力度，在搞好耕地整治规划的同时，治山治坡、改土造田、基本农田建设与农业综合开发结合进行；五是要采取措施，严控企业占地，严控农村宅基地占用一级、二级耕地，加大废旧砖窑和农村废弃宅基地的返田改造，盘活耕地存量，"开源"与"节流"并举；六是加快耕地使用制度改革，实行耕地使用证发放制度，促进耕地资源的有效利用。

四、科学施肥体系的建立

（一）科学施肥体系建立

平遥县配方施肥工作起步较早，最早始于 20 世纪 70 年代未定性的氮磷配合施肥；20 世纪 80 年代初为半定量的初级配方施肥；20 世纪 90 年代以来，有步骤定期开展土壤肥力测定，逐步建立了适合全县不同作物、不同土壤类型的施肥模式。在施肥技术上，提倡"增施有机肥，稳施氮肥，增施磷肥，补施钾肥，配施微肥和生物菌肥"。

随着农业生产的发展及施肥、耕作经营管理水平的变化，耕地土壤有机质及大量元素也随之变化。与 1983 年全国第二次土壤普查时的耕层养分测定结果相比，土壤有机质平均含量 13.93 克/千克，属四级水平，比第二次土壤普查 12.2 克/千克增加了 1.73 克/千克；全氮平均含量 1 克/千克，属四级水平，比第二次土壤普查 0.7 克/千克增加了 0.3 克/千克；有效磷平均含量 14.13 毫克/千克，属四级水平，比第二次土壤普查 5.7 毫克/千克增加了 8.43 毫克/千克；速效钾平均含量 162.84 毫克/千克，属三级水平，比第二次土壤普查 144 毫克/千克增加了 18.84 毫克/千克。

1. 调整施肥思路　以节本增效为目标，立足抗旱栽培，着力提高肥料利用率，采取"巧氮、增磷、补钾、配微"原则，坚持有机肥与无机肥相结合，合理调整养分比例，按耕地地力与作物类型分期施肥，科学施用。

2. 施肥方法

（1）因土施肥：不同土壤类型，保肥、供肥性能不同。对土体构型为通体型的土壤，一般将肥料作基肥和追肥两次施用效果最好；对沙土、夹沙土等构型土壤，肥料特别是氮肥应少量多次施用。

（2）因品种施肥：肥料品种不同，施肥方法也不同。对碳酸氢铵等易挥发性化肥，必须集中深施覆土，一般为10～20厘米；尿素为高浓度中性肥料，作底肥和叶面喷施效果最好，在旱地做基肥集中条施；磷肥易被土壤固定，要与农家肥混合堆沤后施用，常作基肥和种肥，要集中沟施，且忌撒施土壤表面。

（3）因苗施肥：对基肥充足，生长旺盛的田块，要少量控制氮肥，少追或推迟追肥时期；对基肥不足，生长缓慢田块，要施足基肥，多追或早追氮肥；对后期生长旺盛的田块，要控氮补磷施钾。

3. 选定施用时期　因作物选定施肥时期。玉米追肥宜选在拔节期和大喇叭口期，同时可采用叶面喷施锌肥；马铃薯追肥宜选在开花前；谷黍追肥宜选在拔节期；叶面喷肥宜选在孕穗期和扬花期，喷肥时间选择要看天气，要选无风、晴朗的天气喷肥，早上8～9点以前或下午16点以后喷施。

4. 选择适宜的肥料品种和合理的施用量　在品种选择上，增施有机肥、高温堆沤积肥、生物菌肥；严格控制硝态氮肥施用，忌在忌氯作物上施用氯化钾，提倡施用硫酸钾肥，补施铁肥、锌肥、硼肥等微量元素化肥。在化肥用量上，要坚持无害化施用原则，一般菜田，亩施腐熟农家肥3 000～5 000千克、尿素25～30千克、磷肥40千克、钾肥10～15千克。日光温室以番茄为例，一般亩产6 000千克，亩施有机肥4 500千克、氮肥（N）25千克、磷（P_2O_5）23千克，钾肥（K_2O）16千克，配施适量硼、锌、铁、锰、钼等微量元素肥。

（二）体制建设

在平遥县建立科学施肥与灌溉制度，农业技术部门要严格细化相关施肥技术方案，积极宣传和指导；水利部门要抓好淤地打坝等农田基本建设；林业部门要加大荒山、荒坡植树造林、绿化环境，改善气候条件，提高年际降水量；农业环保部门要加强基本农田及水污染的综合治理，改善耕地环境质量和灌溉水质量。

五、信息发布与咨询

耕地地力、质量信息发布与咨询，直接关系到耕地地力水平的提高，关系到农业结构调整与农民增收目标的实现。

（一）体系建立

以平遥县农业技术部门为依托，在省、市农业技术部门的支持下，建立耕地地力与质量信息发布咨询服务体系，建立相关数据资料展览室，将全县土壤、土地利用、农田水利、土壤污染、基本农田保护区等相关信息融入电脑网络之中，充分利用县、乡两级农业信息服务网络，对辖区内的耕地资源进行系统的动态管理，对农业生产和结构调整做好耕地质量动态变化、土壤适宜性、施肥咨询、作物营养诊断等多方位的信息服务。在乡村建立专门试验示范生产区，专业技术人员要做好协助指导管理，为农户提供技术、市场、物资供求信息，定期记录监测数据，实现规范化管理。

（二）信息发布与咨询服务

1. 农业信息发布与咨询　重点抓好粮食、蔬菜、油料等适载品种供求动态、适栽管理技术、无公害农产品化肥和农药科学施肥技术、农田环境质量技术标准的入户宣传、编制通俗易懂的文字、图片发放到每家农户。

2. 开辟空中课堂抓宣传　充分利用覆盖全县的电视传媒信号，定期做好专题资料宣传，并设立信息咨询服务电话热线，及时解答和解决农民提出的各种疑难问题。

3. 组建农业耕地环境质量服务组织　在全县乡村选拔科技骨干及科技副乡长，统一组织耕地地力与质量建设技术培训，组成农业耕地地力与质量管理服务队，建立奖罚机制，鼓励他们谏言献策，提供耕地地力与质量方面信息和技术思路，服务于全县农业发展。

4. 建立完善执法管理机构　成立由县土地、环保、农业等行政部门组成的综合行政执法决策机构，加强对全县农业环境的执法保护。开展农资市场打假，依法保护利用土地，监控企业污染，净化农业发展环境。同时配合宣传相关法律、法规，让群众家喻户晓，自觉接受社会监督。

图书在版编目（CIP）数据

平遥县耕地地力评价与利用/程聪荟主编 . —北京：
中国农业出版社，2016.6
　ISBN　978-7-109-21720-1

Ⅰ.①平…　Ⅱ.①程…　Ⅲ.①耕作土壤－土壤肥力－
土壤调查－平遥县②耕作土壤－土壤评价－平遥县　Ⅳ.
①S159.225.4②S158

中国版本图书馆 CIP 数据核字（2016）第 117246 号

中国农业出版社出版
（北京市朝阳区麦子店街 18 号楼）
（邮政编码 100125）
责任编辑　杨桂华
————————————————
中国农业出版社印刷厂印刷　新华书店北京发行所发行
2016 年 7 月第 1 版　2016 年 7 月北京第 1 次印刷
————————————————
开本：787mm×1092mm 1/16　印张：9.5　插页：1
字数：230 千字
定价：80.00 元
（凡本版图书出现印刷、装订错误，请向出版社发行部调换）

平遥县耕地地力等级图

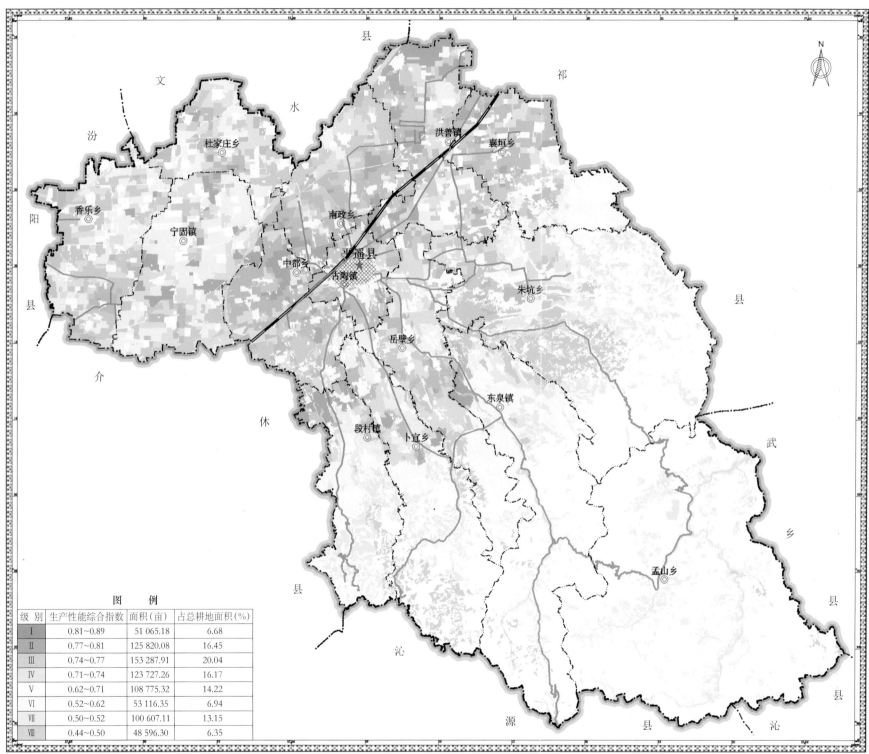

山西省土壤肥料工作站 监制
山西农业大学资源环境学院承制 二〇一二年十二月

图　例

级　别	生产性能综合指数	面积（亩）	占总耕地面积（%）
I	0.81~0.89	51 065.18	6.68
II	0.77~0.81	125 820.08	16.45
III	0.74~0.77	153 287.91	20.04
IV	0.71~0.74	123 727.26	16.17
V	0.62~0.71	108 775.32	14.22
VI	0.52~0.62	53 116.35	6.94
VII	0.50~0.52	100 607.11	13.15
VIII	0.44~0.50	48 596.30	6.35

1954 年北京坐标系
1956 年黄海高程系
高斯—克吕格投影

比例尺　1：250 000

平遥县中低产田分布图

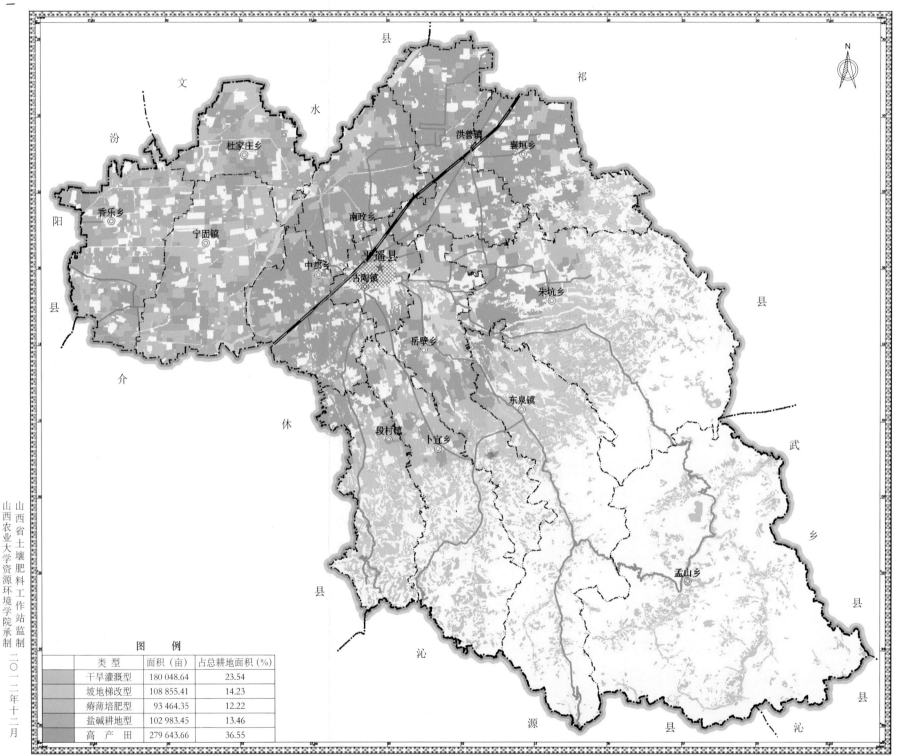

图 例		
类 型	面积（亩）	占总耕地面积（%）
干旱灌溉型	180 048.64	23.54
坡地梯改型	108 855.41	14.23
瘠薄培肥型	93 464.35	12.22
盐碱耕地型	102 983.45	13.46
高 产 田	279 643.66	36.55

山西省土壤肥料工作站监制
山西农业大学资源环境学院承制 二〇一二年十二月

1954 年北京坐标系
1956 年黄海高程系
高斯—克吕格投影

比例尺 1：250 000